村井吉敬
Yoshinori Murai

エビと日本人 II

——暮らしのなかのグローバル化

岩波新書
1108

プロローグ――二〇年経ったエビ

「二〇年経った」というのは、『エビと日本人』(岩波新書、一九八八年)を書いてほぼ二〇年経ったという意味である。それは、わたしのなかでは意味があるが、読者の方に意味ある言葉ではないかもしれない。しかしこの二〇年、エビとそれを取り巻く世界もかなり大きな変化に見舞われた。その変化が何なのか、そのことを本書のなかで記していきたい。

二〇年ほど前、一九八〇年代後半の日本は「バブル景気」に浮足立っていた。NTT株の政府売出価格は一二〇万円ほどだったが、それが、わずか一カ月ほどの間で三〇〇万円を超えてしまった。買わなかった人のほとんどが悔しがっていた。土地の値上りも天井知らず、地上げ屋が徘徊し、不動産成金がたくさん出てきた。

一九八七年にタイのバンコクへ行く機会があったが、バンコクもバブルだった。バンコク近郊の土地は、翌日には価格が倍になるとさえ言われた。

もともと日本のバブル経済は八五年九月二二日のプラザ合意(先進五カ国蔵相・中央銀行総裁会議による為替レートに関する合意)によるところが大きい。アメリカの対日貿易赤字是正のため、円高を推し進める措置であった。

それまで一ドル二三五円だったのが、プラザ合意の直後、一日のうちに円は二〇円も値を上げ、翌八六年には一六九円、八七年には一四五円となった。さらに、こののちも、円はどんどん高くなって、九五年四月には七九円七五銭の史上最高値をつけるまでになった。海外から何でも買えそう、実際にどんどん買おう、という風潮が蔓延し、「生鮮マグロの空輸」(空飛ぶマグロ)も話題になっていた。

エビもどんどん買われた。エビはまさに「バブル商品」であった、と今にして思える。プラザ合意の一九八五年の冷凍エビ輸入量は一八・三万トン、前年一四・三万トンだったから一挙に三〇%近い輸入増だった。翌年には二〇万トンを突破(二一・三万トン)、これ以降九四年までまさに右肩上りで増え、九四年にはとうとう三〇万トンの大台を突破した(三〇・五万トン)。もうバブルははじけた後だが、この九四年がエビの輸入のピークだった。一日一〇〇〇万ドル(一〇億円)以上、プール一杯分(五〇×二五×一メートルの容積)のエビが買われ、日本人は、大きなエビで年に一〇〇尾近く食べていた計算になる(加工エビも含めた冷凍エビ輸入量と国内漁獲のエビの合計)。今は八五尾くらいまでに減っている。

日本経済のバブルがはじけたのは一九九一年から九二年にかけてだが、エビのバブルも一足遅れではじけた。日本では九〇年代半ばに「エビ凋落」の傾向がはっきりしてくる。しかし、世界はまだまだエビ上昇気流に乗っていた。世界経済のグローバル化はベルリンの壁崩壊(一九八九年)、東西冷戦体制の終焉後に加速化していく。世界のエビ貿易量(輸入量)も八五年五六万トン、九五年一〇〇万トン、二〇〇四年一五六万トンと、日本の「凋落」を尻目に急上昇していく。中国は世界一のエビ生産国(二〇〇五年、生産量一二五〇万トン)でもあるが、輸入も五・五万トンで世界で六位になっている。欧米は食における肉から魚へのシフトを反映してエビ消費も拡大、アメリカは九七年にとうとう日本の輸入量を追い抜き世界一のエビ輸入国になった。二〇〇四年の輸入量は四〇万トン、日本の最盛時を一〇万トン近くも上回っている。わたしは日本のエビ輸入の拡大を支持しているわけではないが、何だか長年エビとつき合っているうちにエビ応援団のような気分になり、日本の「エビ凋落」を無念に思うような気持ちがどこかにある。少し困った気分だが仕方がない。

この二〇年の間にエビ生産に関して起きたもっとも大きな変化は、二〇年前にすでに予兆があったことだが、養殖エビの大隆盛である。前著『エビと日本人』で、わたしはオーストラリアのダーウィンにあった日系エビ会社の方の言葉をつぎのように伝えていた。

「いまエビ業界では〝養殖に食われる〟という議論になっています。台湾のブラックタイガーですが、これが日本の市価を下げているといいます。インドネシアのブラックタイガ

ーも影響しているでしょう。ダーウィンにも台湾の会社が入ってくるという話がありま
す」
（『エビと日本人』五一頁）

実は八八年、台湾のブラックタイガーはウイルスの蔓延ですでに崩壊過程に入っていた。しかしブラックタイガーの台湾式集約養殖は、タイ、インドネシア、フィリピンなどに急速に広がっていた。台湾技術のグローバル化ともいえる現象である。養殖に海のエビが〝食われた〟ほどでないにしても、エビ世界は養殖抜きに語ることができなくなる時代に入ったことは確かだ。

しかし、養殖のもたらす問題もしだいに明らかになっていく。エビ養殖池造成のため、マングローブ林の破壊が一層進んだ。ブラックタイガーのウイルス問題は克服されないまま、新たな品種が中南米からアジアに広がってきている。

日本はエビでやや「落ち目」とはいえ、まだ世界第二の輸入大国である。こうしたグローバルなエビ世界の流れを踏まえながら、日本のエビ輸入の問題を本書の最後で述べてみたい。

前著『エビと日本人』を書いたのちも、エビとは離れられなかった。それ以前には行っていなかったエビの「現場」をたくさん歩くことになった。タイの東部や南部、ベトナムのメコンデルタ地帯、インドネシアのパプアなどさまざまなところで、さまざまなエビに出会ってきた。

この『エビと日本人Ⅱ――暮らしのなかのグローバル化』では、そうした現場の報告をたくさん入れてある。

　何より大きな体験は「オルター・トレード・ジャパン」（ATJ）とのつき合いである。この小さな、NGOのような会社は、フィリピン・ネグロス島の住民の自立を目指す市民の協力活動を基盤に八九年に設立され、有機バナナの輸入を開始した。そして九二年よりインドネシアの東ジャワから粗放養殖のブラックタイガーを輸入し始めている。この会社の創始者の堀田正彦さんと一緒に、インドネシアのアチェに「エビ視察」に行ったのが九一年のことである。その後、ニカラグアやスリランカにも行った。わたし自身はビジネスの立場に立つものではないが、オルター・トレード・ジャパンとのつき合いは、エビをめぐってのビジネスの立場や消費者の立場という、それまで体験できなかった視点を提供してくれるものだった。

　この本を書くことになった何より大きな動機は、前著のデータがすでにあまりに古くなってしまったことにある。本書ではできる限り最新のデータを用い、一九八八年以後のエビ体験をたくさん盛り込むことにした。前著で書いたエビの入門的な情報は、この本には最低限のことしか書くことができなかった。できれば前著とともに併読して、エビの半世紀の流れを見ていただきたい。おそらく誤った情報や記述もあると思われる。お気づきになった方からはぜひご一報いただきたい。できる限り訂正していきたい。

目　次

エビを獲る（南スラウェシの養殖池）

本書中、特に断りのない写真は著者の撮影です。
本文中の年齢は当時のものです。

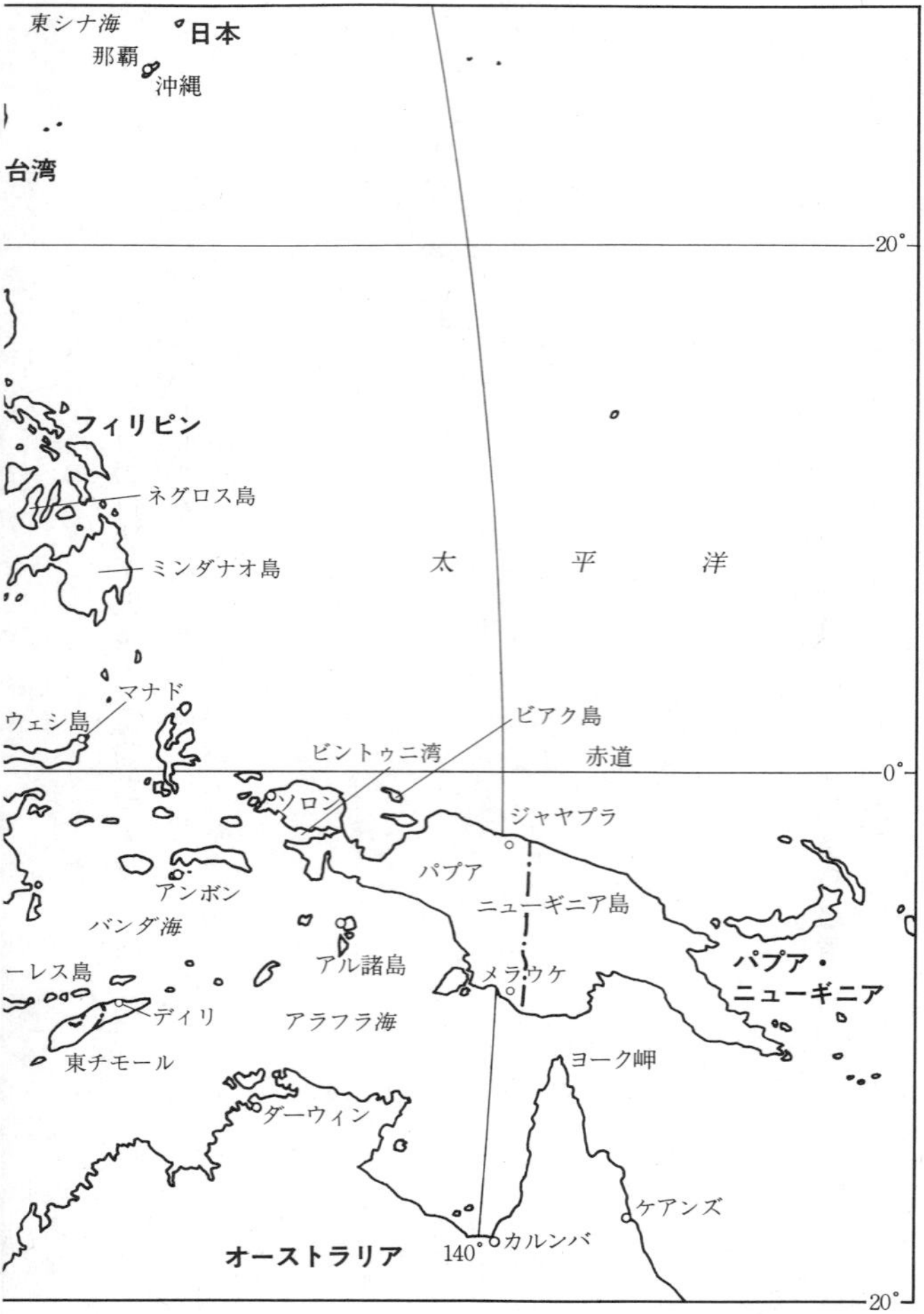
東シナ海
日本
那覇
沖縄
台湾
20°
フィリピン
ネグロス島
ミンダナオ島
太　平　洋
マナド
ウェシ島
ビアク島
ビントゥニ湾
赤道
0°
ソロン
ジャヤプラ
パプア
アンボン
ニューギニア島
バンダ海
パプア・
ニューギニア
ーレス島
アル諸島
メラウケ
ディリ
アラフラ海
東チモール
ヨーク岬
ダーウィン
ケアンズ
オーストラリア
140°
カルンバ
20°

中国
インド
バングラデシュ
ビルマ
(ミャンマー)
台北
香港
高雄
東港
ハノイ
海南島
ラオス
ヤンゴン
タイ
バンコク
ベトナム
南シナ海
マニラ
カンボジア
プノンペン
シャム湾
ホーチミン
アンダマン海
メコンデルタ
プーケット島
マレー半島
ソンクラ
ランサ
ペナン
バンダ・アチェ
マラッカ海峡
マレーシア
ブルネイ
アチェ
クアラルンプール
メダン
東マレーシア
シンガポール
スマトラ島
カリマンタン島
(ボルネオ島)
マカッサル海峡
スラ
フロ
マカッサル
ジャカルタ
スマラン
インドネシア
マドゥラ島
バンドン
ジャワ島
スラバヤ
シドアルジョ
シトゥボンド
バリ島
ロンボク島
スンバワ島
インド洋
100°
120°

第1章
エビとマングローブの海辺
―アチェの津波と東ジャワの熱泥―

稚エビを獲る(東ジャワ・バニュワンギ)

二〇〇四年一二月二六日、スマトラ島沖地震・津波が起きた。二十数万の人が一瞬のうちに命を失った。惨憺たる海辺の光景。多くのエビ養殖池も流された。マングローブ林を刈りとってできた養殖池である。「マングローブ林があったら……」多くの人びとはそう思った。マングローブ林と人の共存が今や損なわれてしまっていたからだ。そして日本はマングローブ木炭を大量に輸入している。

二〇〇六年五月二七日、ジャワ島東部で、天然ガスを掘っていたら突然大量の熱泥が噴き出した。地底のマグマを掘り当てたかのようだ。一年以上経ったがまだ噴き出している。多くの家や工場が泥に埋まり、多くの人びとが避難民になった。川と海が交差する熱帯の豊かなデルタ地帯、そこは昔から魚やエビ養殖池があったところでもある。

エビや木炭、石油や天然ガス、この「カネのなる木」は、一方で海辺の悲劇も生みだしている。

1　「怪獣のような殺人流体」

スマトラ島沖地震発生

二〇〇四年一二月二六日、インドネシア西部時間午前七時五八分五〇秒（日本時間午前九時五八分五〇秒）にスマトラ島沖地震が起きた。スマトラ島の北西方約一六〇キロ、深さ一〇キロが震源地で、マグニチュード九・三、一九〇〇年以降で二番目に大きい地震だったという。地震後、巨大な津波が沿岸地域を襲った。津波の高さは平均で一〇メートル、場所によっては三〇メートルを超える地域もあった。被害はインドネシアだけでなく、インド、スリランカ、タイ、マレーシア、東アフリカにまで及んだ。

この津波による死者数は最終的には二十数万人（インドネシア一六・六万人、スリランカ三・一万人、インド一万人など）とされている。二〇〇五年一月半ばの行方不明者数約二・一万人、避難民数は約一二〇万人（インドネシア六九万人、スリランカ五〇万人など）だった。一〇〇万人をはるかに超える死者と避難民、その一〇倍にも達するかもしれない親類縁者を思うと、当たり前かもしれないが、その規模の大きさに慄然とさせられた。犠牲者のほとんどは巨大津波に呑み込まれた人びとである。そして亡くなった人の多くは、女性、高齢者、子どもだった。スマトラ島沖地震・津波では「子どもの犠牲者が半数に上る」との推定もある(OCHA＝国連人道問題調整部、二〇〇五年一月一三日)。スリランカでもアチェ(インドネシア)でも、あるいは外国人犠牲者を除いたタイでも、亡くなった人の過半(おそらく七〇～九〇％)は漁民世帯だった。社会のなかで弱い立場におかれた人びとに犠牲が集中している。まったく不条理としか言いようがない。

この巨大津波のニュースは瞬く間に世界中に伝わった。わたしたちの仲間は、地震・津波のニュースをあらゆるメディアを通じて集め、友人たちに送り、わたしも属しているNGOのインドネシア民主化支援ネットワーク(NINDJA)も緊急救援を呼びかけた。タイ南部の観光地プーケット島からはいち早く映像も入ってきた。

しかしアチェからのニュースは驚くほど少なかった。この地は独立を目指す自由アチェ運動(GAM、正式名称はアチェ民族解放戦線[ASNLF])とインドネシア国軍とが長い間争っていた。二〇〇三年五月には、インドネシア政府はアチェ州に軍事戒厳令を布き、翌二〇〇四年五月には、軍事戒厳令から非常事態(民事戒厳令)になっていた。この年の八月、津波のおよそ四カ月前にわたしはアチェに出かけた。しかし、特別入域許可を得たものの、滞在が許されたのは州都バンダ・アチェと沖合にあるウェ島だけだった。アチェは依然としてよそ者が閉め出された地域であり、そのように外界と隔絶した状態のなかで津波に見舞われたのである。情報が届かなかったのは無理もない。

津波後のアチェの惨状(バンダ・アチェ，2005 年 3 月)

押し寄せる濁流

はじめの頃は、断片的に大惨事の状況が伝わってきた。想像を絶する被害が出ていることが次第に分かってきた。なかでも、インドネシアのメトロ・テレビが一月八日に放映したバンダ・アチェを襲った映像は衝撃的なものだった。地震発生からおよそ三〇分後、バンダ・アチェ市中心部をこの世のものとも思えない濁流が押し寄せてきた様子を、ハシムさんという地元のアマチュア・カメラマンが撮影したものである。

ジャカルタの邦字紙『じゃかるた新聞』は伝えている。

「津波に流される車の行列、破壊された巨大ながらくたの集積……市街地を襲った津波とは、高波というよりはバラバラになった建築物や鉄のかたまり、電信柱やトタン屋根など、あたかも廃棄物処理場の山が一挙に押し寄せ、ひとたび巻き込まれれば、人間が生き残る余地のない、怪獣のような殺人流体であることが……分かった」

（二〇〇五年一月一〇日付）

2　津波とエビ養殖池

エビのいる光景

この津波からしばらくすると、魚が売れないという情報が入ってきた。無数の漂流する遺体と魚をつなげて考えた人がいたのだろう。そしてもう一つ伝わってきたのは「大きなエビがたくさん獲れる」という噂だった。津波で沿岸のエビ養殖池が破壊され、エビが海に逃げたためだという。噂の真偽はわからないが、ありえないことではないとも思う。アチェにはたくさんのエビ養殖池があったからだ。

実は、津波の情報を聞いてからずっと沿岸漁民のこと、そして、エビ養殖池のことが気になっていた。わたしがアチェのエビ養殖池を訪問したのは一九九一年二月末のことだった。ちょうど湾岸戦争の最中の頃である。米軍を主力とする多国籍軍が地上軍を投入し、イラク領に侵攻したのが二月二四日、その二日後にアチェの養殖池を初めて見た。アチェでは八九年に自由アチェ運動が二度目の蜂起をし、これに対してインドネシア国軍が大規模な軍事作戦を展開していた。一万数千人が殺されたともいう。わたしたちのエビ養殖池視察には重武装の国軍軍人がついてきた。気が気ではない視察だった。「どんな戦時でも紛争時でも災害時でもエビがいる」――わたしにとっての世界の光景の一つである。

はじめに訪れたのは東アチェ県ランサの近くで、そのころのアチェでは唯一の集約(高密度)養殖池だった。スハルト大統領(当時)に近いある財閥の御曹司の所有する池で、一ヘクタール当たり一回の収獲で七・八トンも生産量があるという。年に二回収獲するから一五・六トンの生産になる。こんな池を六〇ヘクタールも持っている。それまで見てきたスラウェシ(セレベス)島の粗放(自然)養殖池での生産量はせいぜい二〇〇キロがいいところだったからとんでもない生産量だ。集約養殖と粗放養殖のちがいは、大きくは、稚エビの放流尾数の多寡と人工飼料使用の有無にある(詳しくは第3章参照)。放流されているのはブラックタイガーである。餌は台湾製の人工飼料で、これを一日に六～八回与える。水揚げされたエビは青みがかっていた。池で働く人はブルータイガーと呼んでいた。このブルータイガーを少なくとも日本本土のエビ業者は買わないという。しかし沖縄ではこれが売られているらしい。なぜ青くなるのか、よく分からないと池の従業員は言っていた。

この池で働く労働者は約一〇〇人、日給は三五〇〇ルピア(当時のレートで約二五〇円)だった。

ランサの街にあるエビ冷凍工場の労働者の日給が二二五〇ルピア(一六〇円)であるのに比べればいく分高い額だが、より重労働で労働時間も長い。

もう一つ、やはりランサの近くの粗放養殖池を見学させてもらった。マングローブ林を荒々しく伐採したあとの養殖池である。その時もまだ海岸線に向かってマングローブ林が伐採されていた。所有者は州議会議員で一〇〇ヘクタールもの池を所有している。粗放とは言っても人工飼料を収獲前に投餌しているというので完全な粗放養殖ではない。一ヘクタール、一回の収獲量は二〇〇～二五〇キロ程度でしかなく、この議員はアジア開発銀行や世界銀行に、一五〇〇ヘクタールの灌漑排水路建設支援に三〇億ルピアを要請しているという。その後、支援を得られたかどうか聞いていないが、エビ養殖に世界銀行やアジア開発銀行が何らかの融資をしようとしていたのは事実で、だとするとマングローブ破壊に両銀行が手を貸そうとしていたことになる。銀行だから、「カネになる」ことが大事な政策目標なのである。ここのエビはブルーでなくブラックだった。

マングローブ林伐採と津波被害

この東アチェ県にも津波が押し寄せ二〇〇人以上の死者を出している。アチェでは西海岸が津波で壊滅的打撃を受けたが、東側のピディ県、ビルン県、北アチェ県、そして東アチェ県も

津波で破壊された北アチェ県エビ養殖池(2005年2月，インドネシア民主化支援ネットワーク提供)

大きな被害を出している。この東海岸はマラッカ海峡に面しており、泥湿地の海岸で、もともとマングローブ林に覆われていた。

しかし一九八〇年代半ば以降、このマングローブ林が急速に伐採され、エビ養殖池の開発が進められてきた。正確なデータはなかなか得られないものの、インドネシアの海洋漁業省の情報では、アチェのマングローブ林は、津波によって大きな被害を受けたとされるが、それ以前から、エビ養殖池の開発で、危機的な状況にあったという(Departemen Kelautan dan Perikanan RI. "Melestarikan Hutan Magrove yang Kian Habis Terkikis", 24/04/07, http://www.dkp.go.id/content.php?c=3883)。

この情報によると、アチェには八〇〇キロの海岸線があり、津波の時には海岸線から内陸五キロまで津波が入り込み大きな被害を出したという。しかしながら、津波以前に、海岸地域での森林破壊は進んでいた。二〇〇三年に二八・八万ヘクタールの海辺の森林は劣化し、特に東アチェ県での破壊が進んでいた。そして二・六万ヘクタールの森林は完全に破壊されていた。健全だったのは三・一五万ヘクタールの森林だけであったという。

『セランビ』というアチェのローカル紙が、二〇〇七年四月一五日に「海岸地域の再活性化」と題する記事を掲載した。その記事によると、ナングロー・アチェ・ダルサラーム州（アチェ州の正確な呼称）には、一九八〇年代初め頃には約三万ヘクタールのマングローブ林があったが、魚とエビの養殖池の開発が進み、今や三〇〇〇ヘクタールが残るだけであるとしている。マングローブ林の残っていた地域では津波による破壊はさほど大きくなかったという。

3　マングローブを犠牲にしたもの

「海の民」

スマトラ島沖地震・津波の報が伝わると、わたしは「海の民」のことも気になった。被災地となった、アンダマン海に面したマレー半島西岸の沖合の島々には、「海の民」が暮らしている。タイ社会にはモーケン、モクレン、ウラク・ラウォイッなどの民族グループがいるという。

海上に家船を浮かべて漂海民であり続ける少数の「海の民」もいれば、陸上近くの海上に家を造り定住している者もあり、完全に浜辺近くの陸上に住む者もいる。ビルマ(ミャンマー)側に住む「海の民」の被災状況はほとんど伝わってこない。軍政のなせるわざなのだろう。プーケット島北部、パンガー県スリン諸島には四九家族一九九人のモーケンがいたが、津波の間接的影響で一人が死亡、四七戸が倒壊したという(上智大学大学院・鈴木佑記氏による)。家や船は流されたが、ここでは人的被害は少なかった。海との長い関わりのなかで、危険から身を守る知恵の蓄積があったにちがいない。だがこのモーケンはタイ社会から疎外され、ほとんどが市民権すら与えられていない。海と一体化して波の間に間に漂うように暮らす人びとは、だいたいどこの社会でも差別されている。陸上定住民の傲岸《ごうがん》がここにはある。

小さな島で海とともに暮らしてきた人びとが被災したもう一つの地震を取り上げてみたい。その地震は一九九六年二月一六日午後三時過ぎ(日本時間と同じ)、インドネシアのイリアン・ジャヤ州(現在は西イリアン・ジャヤ州)ビアク島東方約一一〇キロの海底で起きた(ビアク島東方地震)。「激しい縦揺れ、のちに横揺れ、立っていられなかった」とビアク島民は言う。マグニチュードは八・二と言われた。地震後、津波の噂がたち、皆、山のほうに避難した。地震・津波禍は、ビアク島、スピオリ島、パダイド諸島、ヤペン島など広範に及んだ。小さな珊瑚礁の島々にも七メートルを超える津波が押し寄せた。死者一〇六人、行方不明者五一人、負傷者二七九人、倒壊家屋四二五七戸と報告された(ビアク・ヌンフォル県警署調べ)。被災地近辺の住民数は約一〇万人。家の倒壊は多かったが、死者数は予想外に少なかった。ビアク島東に珊瑚礁の島々パダイド諸島がある。ここでは死者が三人だけだった。津波が押し寄せて来た時に、ある島では子どもたちが懸命にパンの木に登り、木につかまって難を逃れたという。

ビアク島東方地震の一ヵ月後、わたしはこの地を訪れた。島の人びとは「パンの木にたくさんの子どもの実がなった」とジョークを飛ばしていた。一方、ビアク島北部にある町コレムでは学校も教会も、主だった建物はすべてがつぶれ、ほとんどの家は流れ去り、一番たくさんの死者を出していた。感心したのは、どこでも小学校の仮校舎がいち早く建設され、すでに授業を開始していたことだ。ガバガバ(サゴヤシの葉柄《ようへい》)とサゴヤシの葉を葺いた校舎もあれば、ベニヤ張りの校舎もある。住民たちはＵＳＡＩＤ(アメリカ国際開発庁)が緊急支援で配布したテントには住みたがらず、自分たちでさっそくガバガバとサゴヤシの葉、竹などを利用して家を造っていた。南の島の人びとの質素な暮らしは被害を最小限にくい止め、早い立ち上りが見られた。都市の弱さはそこにはなかった。

都市が津波を変える

町としては小さいがコレムの町のことを思い出して、スマトラ島沖地震・津波を考えた。先に見たように、都市が津波を「怪獣のような殺人流体」に変えるのではないだろうか。マングローブ林伐採で、がら空きになった海から、都市のあらゆる芥《あくた》を押し流してきたのが津波であった。そしてマングローブ林の伐採は、エビ養殖と直結していたのである。

大津波後、マレーシアのアブドゥラ・バダウィ首相は、マングローブ林が津波被害の防止に役立ったとして、マングローブ林の保全と、再植林を指示している。マレーシアのペナン島などいくつかの地域は、マングローブのおかげで津波被害が最小限に済んだという。また、バンダ・アチェからおよそ一〇〇キロほど南西に下ったいくつかの村では、マングローブ林のおかげで被害が少なかったそうだ。さらに、インド洋に面するアチェ西海岸沖のシムル島は、やはりマングローブ林のおかげで死者は四人だけだったという(*New Straits Times*、二〇〇五年一月一六日付)。

東南アジア、南アジアのマングローブ林は、この二〇年ほどで急速に伐採されてきた。紙の原料確保、木炭製造、工業団地建設、道路建設などがその原因である。エビと木炭《すみ》もすぐそばに存在している。そして木炭も日本と関係している。

4　マングローブの木炭

スマトラから来る木炭

アチェのエビ養殖池を一九九一年に訪問した時、実は、偶然にも炭焼き現場を見た。案内してくれたインドネシアのエビ会社の人が、間違ってマングローブ木炭を焼いている村に連れていってくれたのである。そこはアチェ州東アチェ県マヤ・パヒット郡メランディ村で、村中が木炭焼きブームで沸いているという感じだった。長さ二〇メートルをも超える巨大な炭焼き窯《がま》がマングローブの生い茂った川辺に並んでいる。村のおばさんたちが焼き上がった木炭を袋詰めにしていた。一袋三〇キロ入りで、価格は一キロ二〇〇ルピア、ということは日本円(当時のレート)で一五円ほどということになる。この木炭は一度シンガポールに輸出され、サイズを統一して日本に輸出される。シンガポールでは良質炭の価格が一キロ約五〇円、日本に行くと九六〇円という。輸出原産地アチェの村と日本の価格には何と六四倍もの開きがある。

マングローブ木炭を初めて見たのは、一九九〇年八月にシンガポールに出かけた時だ。マングローブ木炭の積出し港を見学した。独立二五周年のシンガポールは国旗とデコレーションに埋まり、観光客で賑わっていた。チャンギ空港のすぐ北にある「木炭港」(チャコール・ポート)に出かけたのは八月一二日、人の気配の少ないひなびた倉庫と船着場があった。船着場には木造船がたくさん横づけされていて驚いた。木炭を積んだ船の船員にインドネシア語で話しかけてみたところ、「この船はスマトラのタンジュン・ピナン(ビンタン島)から来た」との答えである。ここまで乗ってきたタクシーの運転手が木炭輸出会社の社長の劉團禮さんを連れてきてくれた。

アンダーシャツ一枚の、いかにも華人商人と言った感じの社長だ。わたしたちを日本人買付け商人と思ったのか、すぐにそばの会社の事務所に連れて行かれた。社長は一九九〇年四月に、福岡の輸入商(峯重燃料工業という会社でバーベキュー、焼肉用に木炭を輸入しているそうだ)を訪れた時の写真を見せてくれた。机の上には大きな五つ珠の算盤《そろばん》がある。もう一つの輸出先は上野の輸入商の荒井金属という会社だった。ほかに丸紅が大量の買い注文を出しているとのことで、値段は丸紅のほうがずいぶんと安いようだった(トン当たり四四九シンガポール(S)・ドル、当時一Sドル=約八〇円)。社長は日本で木炭の値段が三キロ当たり一二Sドルすることを知っており、輸出原価が安いことを嘆いた。社長の言うとおりだとすると、

マングローブ木炭を焼く(東アチェ県)

シンガポールから輸出したマングローブ木炭は日本で九倍もの値段で取引されることになる。トン当たり良質マングローブ木炭（マングローブ・カチと言い、長さ三〇センチくらい）で六〇〇Sドル、輸出用の梱包袋は、二、三、五、七・五キロと分かれている。価格は六カ月ごとに変わるという。

この木炭の大半がインドネシアの北スマトラのメダンから来ており、ほんの一部がタイから来ているそうだ。タイ産は質が悪いとも言っていた。スマトラから来る船は、華人が通常使うトンカンと呼ばれる型の輸送船で、帆はつけていない。この木造貨物船は、スマトラ島のマラッカ海峡に面した華人漁民と船大工の集中するバガンシアピアピで造られたものだろう。ずんぐりとした、底のやや平たい船である。一回の運搬量は三〇〇トン、一船二〇人から四〇人が乗って来て、シンガポールに一カ月ほど滞在し、一日三〇Sドルで、長時間労働をしている。帰りにはシンガポールからさまざまな工業製品をお土産にもって帰るそうだ。インドネシア人にとっては、かなり割の良い出稼労働のように思える。インドネシアでの稼ぎはせいぜい一日三〇〇円（四Sドル）に満たないほどだから、インドネシアで働くより八倍も稼げるという計算になる。

ここでマングローブ木炭を初めて見て、つぎの年に東アチェの窯を見たのである。一九九三年八月には、今度は意図的にマラッカ海峡のトゥビンティンギ島で木炭焼き窯を見ることになった。さきほどの船はシンガポールのすぐ南のビンタン島からと言っていたが、マングローブ木炭の最大供給地はおそらく、リアウ州のトゥビンティンギ、パダン島あたりではないだろうか。ここはリアウ州、マラッカ海峡がもっとも狭くなった地域にある島々で、マングローブがびっしりと繁茂している。このあたりには大きな窯がいくつも見られた。窯の大きさは直径八～一〇メートルの円形窯、高さも七、八メートルはある。一回に四〇〇〇本のマングローブ樹を入れ、六〇時間で焼き上げるとカチになる。マングローブ樹の一本の長さは約二・五メートルほど、太さは四、五センチ。住民からの買上げ価格は一本一五〇ルピア。一つの窯場（三つの窯がある）で約二〇人が働いている。タウケ（頭家）と呼ばれる華人が所有者で、労働者は宿舎に寝泊まりしている。木炭の売値は、ここではキロ三〇〇ルピアという。アチェの窯より高い。これがシンガポールでは約一〇〇〇ルピアで売られるそうだ。

マングローブ林の伐採は木炭に直結し、その後エビ養殖池につながっている。マラッカ海峡はマングローブ木炭生産の中心地で、その後、対岸のタイでも同じような木炭窯に出会っている。

輸入木炭とわたしたちの暮らし

日本の輸出入統計では、木炭は林産物のなかの「その他の林産物」として扱われている。木

表 1-1　日本の木炭輸入量

年	輸入額 (1,000 ドル)	輸入量 (1,000 トン)	輸入上位 5 カ国
1990	19,631	76.0	①フィリピン②インドネシア③マレーシア④シンガポール⑤タイ
1995	43,817	92.3	①中国②インドネシア③マレーシア④フィリピン⑤アメリカ
2000	73,825	129.4	①中国②マレーシア③インドネシア④フィリピン⑤シンガポール
2004	83,615	143.2	①中国②マレーシア③インドネシア④フィリピン⑤タイ

出所） JETRO, 貿易統計データベース.

炭は「やし殻炭」と「その他」に分かれ、ここで述べてきたマングローブ木炭はすべて「その他」のなかに入る。これの輸入量が一九九〇年には七万六〇〇〇トン、輸入額一九六三万ドル(二六億七四九〇万円、キロ当たり輸入原価三五二円。末端価格で八〇〇円)くらいだった。その後も木炭輸入は急速に増え続け、二〇〇四年には一四万三二〇〇トン、八三六一万ドル(八一億四一〇〇万円)となった。この十数年で木炭輸入量は二倍近く増えたのである(表1-1)。

この木炭すべてがマングローブ木炭ではない。輸入先の推移を見ると、一九九〇年には、①フィリピン、②インドネシア、③マレーシア、④シンガポール、⑤タイの順となっているが、フィリピンはマングローブ木炭ではないかもしれない。シンガポールは単なる経由地である。二〇〇四年には、①中国、②マレーシア、③インドネシア、④フィリピン、⑤タイの順で、中国が一位に躍り出た。中国産木炭もマングローブ木炭ではないだろう。ただ、いずれにしても、日本が輸入する木炭のかなり多くはマングローブ木炭で、生産地はその多くがマラッカ海峡のマングローブ林近辺である。エビとマングローブがここでつながっている。

先に見た東アチェ県メランディ村のマングローブ木炭は日本に来るまでに少なくとも六〇倍以上の値になっているのである。メランディ村は、もともとかなり細々と自給用にマングローブ木炭を焼いていたのだろう。近くの大都市メダンには小さな竹籠で出荷していた。それがシンガポールの引き、というより八〇年代後半のバブル下の円高日本の引きで、木炭需要が急増し、とうとう村中総出でマングローブ木炭焼きに乗り出すようになったようだ。村のおばさんの話では、大きな炭焼き窯ができたのは八六年だという。マングローブ木炭は堅くて火持ちもいい。だから日本の焼肉屋やせんべい屋あるいはコーヒーの焙煎にも使われるようになったのだろう。また、日本の木炭が高くなりすぎたことも原因だろう。

東南アジアの海辺のマングローブ林から産出される輸入木炭の問題はわたしたちの暮らしに大きな原因がありそうだ。日本人が養殖エビを大量に輸入し、それをマングローブ木炭で焼き、ひたすら「美味しんぼ」する。しかし、せっかく「美味しんぼ」をしても、一方で従来日本で木炭の原料であったナラ、カシなどの広葉樹に代わって植えられたスギやヒノキのせいで花粉症が蔓延する。このような構図こそ「金満日本」の縮図なのかもしれない。アチェ、津波、エビ養殖、マングローブとつないで見える構図に日本が大きく影を落としている。

「エビをもっと食べたい」という欲望が、「エビの保育園」とも言われてきたマングローブ林を伐採する。そこに工場のような養殖池をつぎつぎに造ってきた。マングローブ林周辺に住む人びとは、本来、その豊かな森とともに生き、森を枕にして安眠してきた。被災者は無力でかわいそうな人なのではない。彼らを無力化した力や、一部の人びとの欲望こそが、問われているのではないか。

5　驚きの熱泥噴出

泥に埋まった村

もう一つの「カネのなる木」と災害の話である。天然ガスを掘っていたら地中から熱泥が噴出し、それが止まらないという話である。熱泥が噴出したのは東ジャワのシドアルジョというところだ。そこはインドネシア第二の都市スラバヤの近くにある。そしてそこはエビ養殖池地帯でもある。この話もエビと無関係ではない。

熱泥とは何なのだろう？　それが最初の疑問だった。熱泥「震源地」シドアルジョに在住する津留歴子さんに尋ねてみた。津留さんはエビのフェアトレードの仕事をするＡＴＩＮＡ（オルター・トレード・インドネシア）社の駐在員である。その答えでおよそ推測できるようになった。

「熱泥とは、地中から噴出してくる、温度六〇度くらいある熱い泥なのです。泥はべっとりとした灰色で……、土の粒子が非常に細かいので、植物の根をつぶして枯らしてしまうでしょう。水田はもとより樹木も枯れてしまうのではないかと思います。泥はすでに（エビ）養殖池につながる川にも流れ込み、魚やエビが死んだという報告もあります」

（二〇〇六年六月二八日のＥメール）

二〇〇六年五月二七日、東ジャワ州シドアルジョ県ポロン郡でラピンド社の天然ガス採掘の一号井戸の掘削ドリルは何か柔らかいものにぶち当たった。翌二八日、有毒ガスと熱泥が噴出し始めた。危険を感じ、掘削技術者はセメントと泥を掘削穴に埋め込んだ。すると、井戸の近くの地面の割れ目から大量の熱泥が噴出し始めた。熱泥噴出量は一日五万立方メートルにもなった。

この熱泥によって、周辺八つの村が一〇〇〇戸以上の住宅とともに泥に埋まってしまった。避難民は一万人以上になった。一一月には泥の圧力で、地下のパイプラインが大爆発し、死者も出ている。

灰色の泥の海

熱泥噴出からおよそ半年後、一二月二日にラピンド社の熱泥噴出現場に行ってみた。津留さ

ラピンド社の熱泥噴出現場(2007年6月)

んほかATINAメンバー数人がオートバイに分乗して案内してくれた。左側に鉄道線路、家や工場が続く。ふと汽車の屋根くらいの高さの石積みの堰堤が出現、左折して、線路を越え、泥道に入る。道の左側は住宅が建ち並ぶ。灰色の泥が家に入り込み、もはや住めなくなっている。

堰堤の上に登る。トラックが通れるほどの幅のある堰堤で、熱泥が外に流出しないようににわかに造成した泥堰止めダムのようなものだ。見渡す限り灰色の泥に埋め尽くされている。埋まった泥の上から木の梢が突き出ている。埋まった工場の屋根、それ以外は灰色の泥の海。想像を越えた光景が出現した。遠く一キロも離れているだろうか。白煙が勢いよく噴出している。かすかに硫黄臭が漂う。その左側の数カ所から小さな噴煙があがっている。高い掘削井戸の鉄骨も数本見える。別府温泉の「地獄」を無限大に拡大したような、賽の河原を水浸しにしたような光景である。堰堤工事のトラックやヘルメットの技術者たちがこまめに立ち回っている。堰堤には見物客も多い。泥は瞬く間に広がっていく。この熱泥噴出の原因は、石油と天然ガスの採掘を行なっているラピンド・ブランタス社(国民福祉担当調整相のファミリー・ビジネス)が、ガス田の掘削中に起こした事故によるものだと言われている。

6　マルシナのたたり？

マルシナの事件

この熱泥噴出現場を「見物」させてもらったのは、エビとマルシナのことが頭にあったからだ。マルシナは、軍に連行され暴行を受けて死亡した女性労働者で、ＡＴＩＮＡメンバーが「あれがマルシナが働いていた工場だ！」と教えてくれた。大きな屋根だ。縦三〇〜四〇メートル、横一五〇〜二〇〇メートルほどの大工場である。しかし、緩やかな切妻屋根の部分を残し、工場はほとんど泥水に浸かっている。津留さんのメールにこうあった。

「ところで、泥噴出で最も被害をうけているシリン村の人たちから話を聞いているとき、彼らの口から「マルシナのたたり」説が出たのです。インドネシア労働運動史で悲劇のヒロインとなったマルシナはシリン村の出身だったのです。村の人たちは「マルシナは労働者の英雄、でも無惨に殺された。本当の犯人もまだ捕まっていない。彼女の怒りが噴出したのだ」と真顔で言っていました」

マルシナは、今、その屋根が見えている工場で働いていた。彼女の勤めていた会社はチャトゥール・プトラ・スルヤ(CPS)社、腕時計の会社だ。一九九三年、マルシナたち労働者は、最低賃金を満たすよう会社に要求して立ち上がった。一七〇〇ルピア(八七円、当時のレート)の日給を二二五〇ルピア(一一五円)に引き上げて欲しいとストを決行した。マルシナは労組指導部の一人だった。ささやかな労働争議だったにもかかわらず、国軍が介入した。マルシナは五月五日に姿を消した。八日、死体となって発見された。暴行され陵辱されていた。裁判所は会社の社長、社員を実行犯とし有罪にした。しかし軍が真の犯人であるとして、NGOが連帯して真相究明委員会を結成した。最高裁は社長らを無罪とした。真の犯人は国軍軍人であることを誰もが知っているにもかかわらず、事件は闇に葬られてしまった。この工場はその後も存続したが、今、そこの労働者は熱泥で仕事を失った。

マルシナの働いていた工場の屋根が見える。その無念は泥のなかに埋まっている。

権力者も逃げる、国も逃げる

またオートバイに乗ってポロン新市場に行った。避難民たちが市場の仕切りとてない空間に暮らしていた。アチェの津波被災者の避難民キャンプと同じである。トイレは三つしかない。水も十分ではない。プライバシーゼロ。多くの避難民は人を頼ってこの場を去っていった。さらに、一一月二二日、この熱泥の下にあったガス・パイプが詰まって爆発事故を起こした。一三人の死者が出た。新たな避難民が生まれた。七〇歳のおばあさんがささやかな家財道具に囲まれ、煮込み豆腐のようなものを買っていた。三食の食事が支給されているが、それでは満足できないのだろう。このおばあさん、北スマトラ州シボルガから長男とともにここに移り住んできた。孫が小学生。家を三年前に買った。しかし、その家を失った。まだ借金があるという。借金はどうなってしまうのか、とおばあさんに訊かれ困った。まだここに来て三日、しかし帰りたいという。ここでは炊事もできない。息子は仕事もなくしたという。

こんな避難民が数千人もいる。

一二月一三日にも、パイプ・ラインの爆発で避難民になったクドゥンベンド村の一一四世帯の住民たちが、シドアルジョのラピンド・ブランタス社を訪れ、ポロン新市場は居住に適さないので、確実な居住地を用意しろと要求している。会社側は補償金を支払うと述べ、住民たちが会社に泊まり込んでは困ると対応した。しかし住民側が要求する水田一平方メートル当たり一〇〇万ルピア、家屋一平方メートル当たり一五〇万ルピアの補償要求に対しての合意はなされていない。村によって補償要求は一律ではなく、二〇〇七年六月現在いまだに全体の合意はない。

被害を訴えた周辺四つの村では、およそ一〇〇〇戸の家、九つの学校、一五の工場、一三のモスクが泥に沈んだ。泥流が覆った面積は四二〇ヘクタールになるという。東京ドーム九〇個分くらいの面積である。いったいこの泥流惨禍はどうなるのか。

ラピンド・ブランタス社は、インドネシア長者番付では六位のアブリザール・バクリーとその家族の支配するバクリー・グループ傘下の会社である。バクリーとファミリーの総資産額は一二億ドル(*Forbes* による)になる。一三八〇億円の資産を仮に一〇〇〇〇世帯に分け与えれば、住民補償は解決するにちがいない。

国民福祉担当調整相のアブリザール・バクリーは、当初はラピンド社の責任を認める発言をしていた。しかし被害が途方もなく拡大するにつれ、閣僚就任とともに会社から身を引いているので、自分に責任はないなどとして被災地を訪問することさえしていない。あまつさえ、ラピンド社は自社株をフリーホールド・グループ(英領バージン諸島)という正体不明の会社へ売却をしようとしたが失敗している。

この地下から吹き上がってきた莫大な泥をどうするのか。川への投棄、海への投棄の案が浮上した。川に捨てても海に捨てても、環境汚染は免れない。広大な伝統的エビ養殖池は汚染される。マドゥラ海峡は死の海になってしまうかもしれない。この熱泥は向こう三一年間止まらないと予測する科学者もいる。底知れぬ災禍から権力者は逃げようとしている。国家も逃げようとしている。

7　エビ、天然ガス、熱泥災禍

泥の海再訪

二〇〇七年六月、熱泥噴出から一年がすぎた現場に再び行ってみた。今回は、熱泥噴出地のかなり近くまで行くことができた。熱泥はまだ蒸気を高く上げながら、どんどん噴出し続けていた。噴出した泥が堰堤の高さの限度近くなると、にわかに、さらなる堰堤が造られる。土手を造って外への流出を防ぐという単純な方法である。

最初の噴出地をゼロメートルとすると、今や噴出箇所は標高一八メートルになっているという。最初の土手を一の丸とすると、四の丸まで造られている。しかし熱泥は止まらない。心配なのは堆積した泥が近くを流れるポロン川に流されていることだ。この泥は海に行き、やがて養殖池に泥が入ってくることもあり得るからだ。この粒子の小さな泥は生物化学的酸素要求量(BOD)が高いため、エビもミルクフィッシュ(和名サバヒー、インドネシア語はバンデン)も窒息

ラピンド社の熱泥に埋まった家屋(2007年6月)

死する可能性があるという。

何が自然災害を大きくしたのか

シドアルジョ周辺は世界でも稀な粗放養殖池地域だ。標高二五八三メートルのリマン山に源流のあるブランタス川がいくつかの支流に分かれ、マドゥラ海に流れ込む。大きな東ジャワ平原で川と海が出会う、大デルタ地帯である。海抜ゼロメートルのシドアルジョ平原には海の水が満潮で流れ込み、干潮になるとブランタスの山の水が海に攻める。この地域で人びとが池を造り、ミルクフィッシュやエビやカニを育ててきた。マングローブの豊かな土地でもあった。人は開墾し、魚やエビを手に入れ、泥湿地ながらそこに住みついてきた。

上流から流れてくる川は豊かな火山灰土壌を運び、マングローブを育ててきた。少なくとも数百年の時間をかけてマングローブ林が開墾され、入ってきた魚やエビが自然に育つ粗放養殖池ができたところだ。池には藻が発生し、プランクトンを産み、エビやミルクフィッシュが育った。この地の自然をゆっくりと変え、人の口に入るものを確保しようとしてきた人間の知恵の集積がこのシドアルジョのデルタ地帯なのである。

ここを世界市場に巻き込んだのは日本のエビ需要であった。池は元々あったが、エビが大量に導入されるようになったのは一九七〇年代以降、特にエビ需要が急伸長した八〇年代以降のことだろう。池主はかなり豊かになった。カネに直結するエビのおかげだ。しかしもっと大きなカネ、つまり天然ガスを掘り当てようとした輩が出てきた。そして熱泥という大変なものを掘り当ててしまったのだ。

アチェでも、シドアルジョでも「カネのなる木」は大きな災禍をもたらした。もちろんアチェの津波それ自体は自然災禍であろう。しかし海辺の人びとにとって、その津波はただの自然災害ではなくなっていた。海辺の森を伐り開き、マングローブ木炭を生産し、エビ養殖池を造ったため、自然の災禍とだけではすまされぬ大きな災禍をもたらすことになった。長い間の汗の結晶でもある東ジャワ・シドアルジョの池には、まだ熱泥の被害が直接は及んでいない。しかし、今後どうなるのかわからない。ここでも、人はカネに目がくらみ、エビまでもが台無しになりかねない事態を招いている。人間とは困ったものである。

第2章
変わるエビ養殖種
—ブラックタイガーからバナメイへ—

ニカラグアのエビ養殖池

スーパーに、食卓に並ぶエビ、エビ、エビ……。最近よく見かけるのは「バナメイ」という新登場のエビだ。養殖エビではブラックタイガーが主流だったが、バナメイがその座を奪おうとしている。

わたしたちはどんなエビを食べているのか？　ほとんど名前も知らずに食べている。ましてやどこから来ているかも知らない。わたしたちにとってエビはすべてが単にエビでしかない。だからと言ってあまり不自由は感じない。

ここではエビの売られ方、エビの種類、エビの生活史、エビにとって保育園とも言われるマングローブ林の話をしてみたい。

1　ニカラグアのバナメイ

初めての中南米

バナメイというクルマエビ属のエビがにわかに注目をあびている。中南米産のホワイト系のエビである。これまで輸入の冷凍エビと言えばブラックタイガーだったのが、このバナメイに押されはじめている。そしてブラックタイガーにとって代わるとの予測すら出始めている。

日本ではまだなじみの薄いバナメイであるが、わたしは一九九二年にニカラグアでこのエビに出会っている。なぜいきなりニカラグアなのか。少し説明が要るかもしれない。

ニカラグアは南北アメリカをつなぐ細くくびれた部分のほぼ中央にある。北はホンジュラス、南はコスタリカ、太平洋とカリブ海に面している。一九七九年、ニカラグアでは、四〇年以上続いた独裁政権をサンディニスタ民族解放戦線（FSLN）が倒し、サンディニスタ革命が実現した。しかし「第二のキューバ」を恐れたアメリカは、あらゆる手段を尽くして、この革命政権を打倒しようとした。国連ではアメリカの介入を不当と判断したが、アメリカは反サンディニスタのコントラ（反サンディニスタ・親米の民兵組織）を支持し続け、内戦にまで至った。困ったアメリカである。ベトナムで懲りたはずが、中南米でも、そして中東でも同じようなことをやっている。革命政権は八四〜八五年に民政移管し、選挙によってダニエル・オルテガが大統領に就任した。

一九八七年に中米和平合意が成立、翌八八年に、サンディニスタ政権と反政府勢力間の暫定停戦合意が成立した。九〇年二月、国連による国際監視のもとで大統領選挙が実施された。サンディニスタは僅差で敗れ、国民野党連合（UNO）のビオレタ・チャモロが初の女性大統領に

ニカラグアのエビ養殖民(1992年12月)

選出された。四月にチャモロ政権が発足した。

サンディニスタが政権の座から降りて二年経った頃、ニカラグアに働く日本人のカトリック・シスターから、エビ事情を視察して欲しいとの依頼が来た。オルター・トレード・ジャパンの堀田正彦氏にくっついてわたしも参加することになった。

その当時は経済的な混乱期であり、まだ地方には根強く残るサンディニスタの農民たちがいる。困窮した農民たちの一部はエビ養殖に活路を見出そうとしていたのである。しかしエビ養殖を始めたものの経験があまりないため、伝統のあるジャワのエビ養殖事情を紹介することを含めて視察に来て欲しいとの要請だった。わたしにとってはこれが初めての中南米であった。

バナメイに出会う

一九九二年一二月中旬、わたしたちはニカラグア北西部、ホンジュラスとの国境に近いフォンセカ湾にいた。プエルト・モナザンという小さな街が近くにある。緑がまぶしいマングローブ林の生い茂る静かな入江、野生動物の宝庫のようなところで無数の水鳥が舞っている。大きな粗放養殖池は、何と面積が一〇〇ヘクタールもあるという。ジャワだったら大池主がいくつかの区画で持っている池の総面積ほどである。ここの池でバナメイが養殖されていたのである。

ここで養殖されるエビは主としてバナメイ、これ以外に通名「ブルーホワイト・シュリンプ」と呼ばれる *Penaeus stylirostris*、ほかには *P. californiensis*、*P. occidentalis* などもあるという。しかしこの頃、ニカラグアの養殖エビ生産量はわずか数十トンしかない。九三年から急速に増えていく。輸出先はアメリカとスペイン。二〇〇五年には一万トン近くにもなっているので大きな外貨獲得商品になっている(図2-1)。

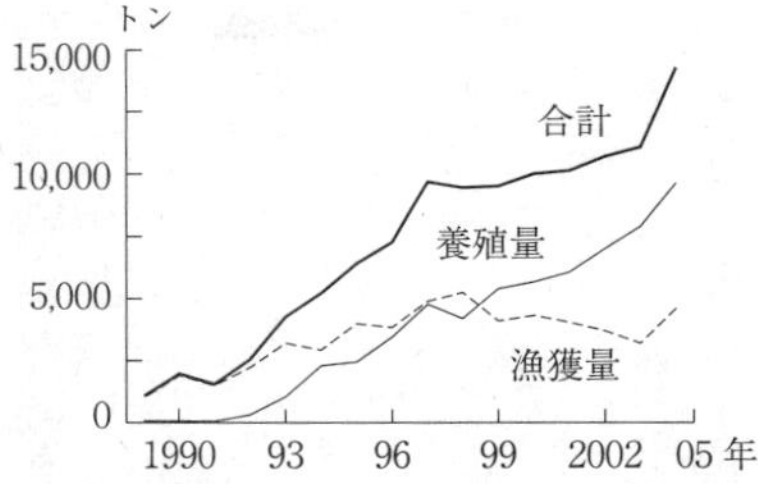

出所) FAO, *Yearbook of Fisheny Statistics.*

図2-1　ニカラグアにおけるエビ生産量の推移

プエルト・モナザンでのエビ養殖は一九八七〜八八年頃、農業牧畜省水産物委員会の主導で始められた。民間ではもう一〇年もやってきたという人もいたが、水産物委員会は非伝統産品としてエビに注目したのである。プエルト・モナザンは、以前は、国境に接した輸出港として栄えていた綿花生産地でもあった。だが綿花輸出が崩落し、エビへの期待が高まったのである。水産物委員会は技術指導のためにブラジル人をエビ養殖に呼んできた。一方、水産委員会では、台湾の援助を取り付けプエルト・モナザンに試験場を造った。台湾から三人の技術者がやってきた。しかしこの試験場で何が行われているのか、周辺の人はほとんど誰も知らなかった。この台湾人は隣国ホンジュラスに五年いたという。

この当時は知るよしもなかったことだが、ここでバナメイ養殖に台湾人が関わっていたことは、その後、バナメイが東南アジアで新たな養殖ブームを生み出すことと大いに関係することになったと思える。

ニカラグアの養殖池で収獲されたバナメイ

台湾は八〇年代の終わりにブラックタイガーがウイルスの蔓延により壊滅的打撃を受けていた。しかしその養殖技術は、東南アジアだけでなく中南米にも波及し、新たな養殖種バナメイを見つけ出していたのである。台湾エビ養殖技術「恐るべし」とまでは言わないが、技術の国際伝播の素早さには目をみはるものがある。

広大な池から収獲されたバナメイをこの目で見たわけだが、白っぽい貧相なエビという印象だった。見慣れたブラックタイガーに比べると、プリプリっとした感じがあまりない。こんなエビ、というとバナメイには悪いが、やがて東南アジアや中国で「大爆発」するとは思いもよらなかった。

このときプエルト・モナザンで会った二人のサンディニスタ農民組合の養殖民は、翌年九月に東インドネシアの伝統的な自然養殖池見学に行くことになる。荒々しくマングローブ林を開発し、そこで始まったばかりのバナメイ養殖の「現場」が、よもや台湾や東南アジアのブラックタイガー「危機」を救うことになろうとは思いもよらなかった。

ニカラグアはその後、一九九六年一〇月二〇日に大統領選挙が行われ、自由同盟(AL、中道右派連合)のアレマン候補が当選し、九七年一月にアレマン新政権が発足した。その後二〇〇一年一一月に行われた総選挙で、ボラニョス前副大統領が選出された。さらに二〇〇六年一一月の大統領選挙では、オルテガ元大統領が一六年ぶりに当選し、サンディニスタ時代に戻ったかのようだ。しかしその間にエビは大飛躍をとげている。

2　バナメイというエビ

浸透するバナメイ

スーパーなどで見るエビが何の種類なのか、あまり気にせずに買う人も多いのではないだろうか。もちろん大きさや形、見栄えなどは気にするかもしれない。ブラックタイガー、クルマエビ、甘エビ、大正エビ、芝エビなどのような「有名エビ」くらいなら多くの人は知っているだろう。そこに新たに登場しつつあるのがバナメイというエビだ。何軒かのスーパーやデパート地下の食品売り場を見て回れば、おそらくバナメイに出会うはずだ。バナメイと書かれていなくとも、白エビあるいはホワイトエビなどと表示されて売られている。バナメイの登場はエビの世界ではかなり大きな事件なのである。

『日本経済新聞』は、二〇〇七年二月八日付に「冷凍エビ　主力品交代か　ブラックタイガー▽バナメイ　年内にも輸入量逆転」という大きな記事を載せている。そこにはつぎのように書かれている。

「国内の冷凍エビ市場で年内にも主力品種が交代する可能性が高まっている。一九八〇年代後半から輸入冷凍エビの代名詞だった「ブラックタイガー」に代わり、新品種「バナメイ」の輸入が急増してきたためだ」

また『朝日新聞』はすでに二〇〇五年六月一七日付に「「成長速い」「安い」白っぽいエビ輸入急増」という記事でこのバナメイのことを取り上げている。

「「バナメイ」という白っぽい養殖エビの輸入が急増している。主流の「ブラックタイガー」に比べて成長が速く、値段も安い。すしのネタやフライ用として着々と食卓に浸透している」

とある。

バナメイは和名がないまま、学名の *Penaeus vannamei* の後半の種名が使われ、定着しつつあるようだ。シロエビ、バンナムエビなどと一部では呼ばれているが定着はしていない。これに対して、ブラックタイガーにはは実は和名がある。ウシエビというのが正式な和名であるが、ブラックタイガーとして定着してしまった。ウシエビでは売れないとの業者の思惑があったのかもしれない。台湾では草蝦《ツァウヘー》と呼ばれている。ちなみにバナメイには立派な中国・台湾名がある。南美白對蝦という。對蝦というのはクルマエビ属のエビにつけられている中国・台湾名である。ブラックタイガーは正式には草對蝦と書かれている。バナメイの南美白對蝦は、南米の白いエビということを表わしている。

病気に強く、速く成長するエビ

中国・台湾名が示すようにバナメイの原産地は中南米のメキシコ西岸、グアテマラ、エルサルバドル、ニカラグア、コスタリカ、パナマ、コロンビア、エクアドル、ペルーなどである。エビ学の先達・酒向昇《さこう》さんの『えび――知識とノウハウ』（水産社、一九七九年）によれば、このエビはクルマエビ族クルマエビ科クルマエビ属クルマエビ亜科のエビで、分類上はクルマエビ（*Penaeus japonicus*）やブラックタイガー（ウシエビ *Penaeus monodon*）と同じ仲間である。英語名は

white shrimp、whiteleg shrimp で、色から名前がつけられている。そして「メキシコでは生産量が少ないが、パナマなど中央アメリカ諸国では多い」という。バナメイは、スペイン語でCamaron Blanco(白エビ)、Camaroncillo(camaronより小さなエビ)と呼ばれ、コロンビア、エクアドルでもCamaron Blanco(白エビ)あるいはCamaron Langostino(クルマエビ属のエビ)と呼ばれている。どうやら普通のクルマエビ属のエビよりは小さな白いエビというのが原産地中南米での呼ばれ方のようだ。バナメイは、水深〇~七二センチメートル、水温二五~三二℃、塩分濃度二八~三四パーミルの泥底の沿岸水域に棲息し、稚エビは餌量が豊富な河口域、つまりマングローブ地帯に棲息するという。養殖業者の間では、このエビは耐病性がきわめて強い、そして生育がきわめて速いというのが定説になっている。

ホワイト系のエビはアメリカ市場でもっとも好まれているともいう。従来、メキシコ・ブラウンは日本の市場で、特に鮨だねとして人気のあったエビである。しかし今やホワイト系のバナメイが主力商品になりつつあるという。何が起きたのか。それは後で述べるとして、ここでは、エビの種類と生態について述べておきたい。

3　エビの売られ方

店頭に並ぶエビ

スーパーやデパート地下の食品売り場でエビはどのように売られているのだろうか。わたしの家(市川市)の近所のスーパー、そして都内と大阪のデパートを何軒か見て回った。商品名にはつぎのような表示があった(二〇〇七年六月中旬~七月上旬)。

- ブラックタイガーえび(インドネシア産、養殖)
- 有頭タイガーえび(インドネシア産)
- 無頭ブラックタイガーえび(インドネシア産)
- ブラックタイガー(インド産)
- 天然車海老(ベトナム産)
- 有頭えび　養殖(ホワイトえび、サウジアラビア産)
- えび　養殖　特大(タイ産、バナメイ)
- 大正えび(産地表示なし、バナメイえびとの別のラベルもある)
- 大正えび(パプアニューギニア産、天然)
- 大正海老(タイ産)
- 大正海老(ミャンマー産、天然)

・大正海老（インド産、天然）
・しらさえび（インドネシア産）
・足赤えび（ミャンマー産、天然）
・ボイルえび（ベトナム産）
・イリアンタイガー（インドネシア産）
・ピンクえび（ブラジル産、天然）
・バナメイ（ボイル、産地不詳）
・バナメイえび（タイ産、天然に近い環境で育てた甘いエビです）
・ホワイトえび（サウジアラビア産、養殖）
・ホワイト海老（インドネシア産、天然）
・天然えび（パキスタン産、ホワイト）
・フラワー海老（インド産）
・刺身用赤えび（アルゼンチン産）
・天然えび（タイ産、特大）
・天然えび　無頭えび（天然ホワイトえび、インド産）
・天然えび（インドネシア産）

・天然えび　無頭えび
・えび（兵庫県産、これはアキアミだった）
・生食用むきえび（インドネシア産、バナメイ）
・甘えび　むき身（ロシア産、タイ加工）
・むきえび（ミャンマー産）
・生むきえび（バナメイ、ベトナム産）
・ボイルむきえび（ベトナム産）
・えび（インドネシア産、天然えび）
・冷凍むきえび（産地表示なし）

これを見ると、商品としてのエビは正確な呼び名が確定されていないことが分かる。それだけではなく、不正確なものも見られる。たとえば「天然車海老（ベトナム産）」とあるエビは明らかにクルマエビではなかったし、「大正えび（パプアニューギニア産、天然）」「大正海老（ミャンマー産、天然）」「大正海老（インド産、天然）」とあるエビは「大正えび」とは異なっていた。ある鮮魚店で「大正エビ」と表示されていながら、別のラベルでバナメイえびというラベルが貼ってあるのもあった。そもそも「大正えび」（標準和名はコウライエビ）は東北アジア海

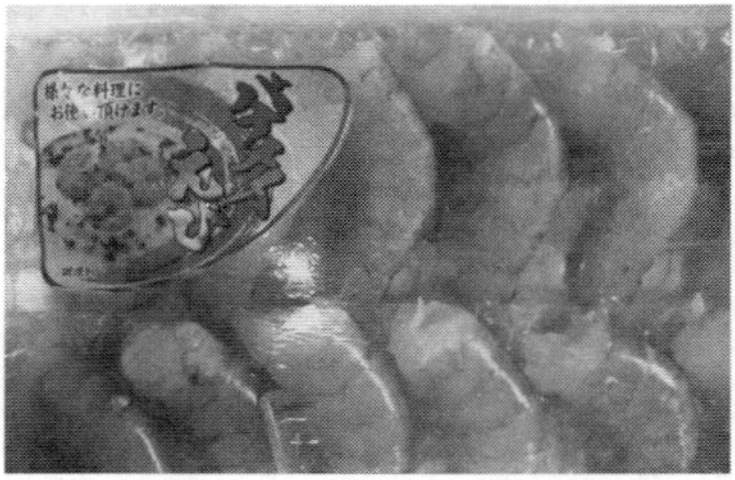

スーパーで売られるバナメイ

域でしか棲息しておらず、パプア・ニューギニア産、ミャンマー産、インド産ということはありえない。イリアンタイガーというのも正確な呼び名ではない。ブラックタイガーでイリアン（インドネシア領パプア）で獲れたからこう呼んでいると思われる。このエビは買って食べてみたが、有頭のかなりサイズの大きなエビで味はなかなかのものだった。

「有頭えび　養殖（ホワイトえび、サウジアラビア産）」とある「ホワイトえび」は*Penaeus indicus*（正式な和名なし、俗名にホワイト、白、インドホワイトなどがある）であると思われる。「しらさえび（インドネシア産）」は大阪のデパートの地下で見かけたものである。これはクルマエビ科ヨシエビ属ヨシエビ（標準和名）のことで、関西で「しらさえび」と呼ばれている。「足赤えび（ミャンマー産、天然）」というのも、そこで初めて見かけた。見かけはおいしそうでピンク色のエビである。学名*Penaeus semisulcatus*、標準和名クマエビ、日本の俗名がアシアカないし花、フラワーなどと呼ばれている。だから「足赤えび」と呼んでもいいのかもしれない。

スーパーやデパートの店頭で売られているエビで、種類としてほぼ判明できるのは、ブラックタイガー、バナメイ、フラワーエビ（アシアカ）として売られているクマエビ *Penaeus semisulcatus*、ホワイトエビの名で売られている *Penaeus indicus* などである。これ以外に見かけるのにクルマエビ、シバエビ、アマエビ（和名ホッコクアカエビ）、タイショウ（大正）エビ（コウライエビ）などがある。しかしかなり多いエビ類からすれば、わたしたちの知っているエビはほんのわずかでしかない。もちろん名前など知らなくてもわたしたちは食べるには困らない。

4　エビの種類

さまざまな分類法

せっかくだからもう少し詳しく食べるエビについて知っておこう。

前述の酒向昇の『えび——知識とノウハウ』によれば、エビには泳ぐエビ類（游泳類）と歩くエビ類（歩行類。イセエビが代表）がいる。両者を合わせた長尾亜目に属する狭義のエビ類だけで、世界中に三一科二三四四種が存在するという。游泳類、歩行類という分類法ではなく、根鰓類《こんし》（クルマエビ族のように卵を腹肢につけずに海に放出する仲間）と抱卵類（クルマエビ族以外のエビ、カニなどの甲殻十脚類）とに分類する方法もある。この分類法を書いている林健一氏は、根鰓類、抱卵類に属するエビ類は二八六五種としている。

そのうち商業的に捕獲されているのは、一〇分の一に満たない一三科一七九種である。本書で扱うのは泳ぐエビで、イセエビやザリガニなど歩行類は扱わない。

エビの英米語には「シュリンプ」(shrimp)、「プローン」(prawn)、「ロブスター」(lobster)がある。ロブスターは、歩くエビ類(イセエビやザリガニ)を示す。シュリンプとプローンは、イギリスとアメリカで呼び方がちがう。つまりイギリス(ないしその支配を受けた国)では中・大型のエビをプローンと呼び、小型のものをシュリンプという。アメリカは両者を区別せずにシュリンプと呼ぶ。FAO(国連食糧農業機関)の統計では shrimps, prawn と表示され、種類の英語名表示も大小で区別はしていない。

生物学的な分類に基づいた言い方をすれば、エビとは節足動物のうちの甲殻綱、真軟甲類、十脚目、長尾亜目に属する游泳類(*Natantia*, prawn and shrimps)および歩行類(*Reptantia*, lobsters)の一部の動物である。もっと分かりやすく言えば、殻におおわれ、一〇本の足を持つ水生動物(稀に陸生もある)で、近似の仲間にザリガニ、オキアミがいる。もう少し離れた仲間にアミ、シャコがいる。カニ、ヤドカリは、エビとは分類上かなり異なる。ちなみに、アミ、シャコ、オキアミなどを含んで、広い意味でのエビという使い方もされる。

さて、エビのなかでとりわけわたしたちにとって重要なのは、クルマエビ族クルマエビ科に属するエビである。わたしたちにもっともなじみのあるクルマエビとかブラックタイガーとか、バナナとか、コウライエビ（大正エビ）、そしてバナメイなどは、すべてクルマエビ科（クルマエビ亜科、クルマエビ属）に属す。クルマエビ属に近似したアカエビ属やモエビ属、サルエビ属も、よく人間が食べるエビである。

エビの種別名称は、学名のほかに、業者の呼び名、それぞれの国の呼び名、地方の呼び名などがあり、きわめて複雑である。たとえば *Penaeus monodon* は、FAOはジャイアント・タイガー・プローン（giant tiger prawn）と命名しているが、業者は単にタイガー、ブラックタイガー、ジャンボ・タイガー・シュリンプなどと呼ぶ。学名からモノドンとだけ言うこともある。日本名はウシエビであるが、台湾では草蝦、中国では大蝦、明蝦、斑節蝦、香港では ghost prawn などとも呼ばれる。インドネシアではウダン・ウィンドゥ（udang windu）と呼ぶが、地方によって呼び名が変わることもある。

東ジャワ・シドアルジョの養殖ブラックタイガー

細かな生物学的分類はともかくとして、クルマエビ属は、商業的には、その色によって分類されることが多い。ホワイト系、ブラウン系、ピンク系である。たとえばブラックタイガーはブラウン系、コウライエビはホワイト系、*Penaeus notialis*（サウザン・ピンクシュリンプ)はピンク系というように。白っぽいエビが「クルマエビ」などと表示されていたら、それは半ばはニセ表示である。半ばというのは、ホワイト系であってもクルマエビ属である場合が多いからである。

5 食べられるエビ

エビの漁獲・養殖量

エビ類は、確かに種類が多い。しかし人間の口に入る種類は限られている。とりわけ、美味で大型のエビとなるときわめて限られ、世界貿易の対象とされ、大量に輸出入されているのは二〇種類くらいだと言われる。そして、ここに属しているのがクルマエビ科(特にクルマエビ属)のエビで、商品として国際取引されるエビの八〇%以上を占めている。

世界中で、どんな種類がどれほど獲られているのかを正確に示すデータはない。FAOの統計は、およその傾向をつかむために利用できる数少ないデータである。世界で獲れるエビで漁獲・養殖量の多いエビ(二〇〇五年に一万トン以上漁獲、あるいは養殖されたエビ)をFAOの統計をもとに表にしてみた(表2-1)。

種類として同定できるのは一五種、二〇〇五年の漁獲・養殖量を多い順に並べると、①バナメイ、②ブラックタイガー、③アキアミ、④サルエビ（アカアシ）、⑤ホッコクアカエビ（アマエビ）、⑥テンジククルマエビ（バナナ、ホワイト）、⑦大正エビ（コウライエビ）、⑧Atlantic seabob（ブラウンシュリンプ）、⑨メキシコエビ（ホワイト）、⑩メキシコエビ（ブラウン）、⑪クルマエビ、⑫*Crangon crangon*（コモンシュリンプ）、⑬*Parapenaeus longirostris*（サケエビ属）、⑭*Penaeus notialis*（サウザン・ピンクシュリンプ）、⑮West African estuarine prawn となっている。

一五年前の一九九〇年に養殖を含めたエビの全世界漁獲量は約二六三万トン、それが二〇〇五年には六一〇万トンと三倍近くになっている。海で獲れたエビは一九六万トンから三四二万トンと一・七倍増であったのに対し、養殖エビは六八万トンから二六八万トンへと何と四倍近くに膨れ上がった。この十数年、エビ生産を大きく支えたのは養殖だったのである。

一五年前の順位は、①ブラックタイガー、②アキアミ、③大正エビ（コウライエビ）、④ホッコクアカエビ、⑤サルエビ、⑥バナメイ、⑦テンジククルマエビ（バナナ、ホワイト）、⑧メキシコエビ（ブラウン）、⑨*Parapenaeus longirostris*、⑩メキシコエビ（ホワイト）、⑪クルマエビ、などとなっている。

バナメイの躍進が著しい。バナメイはほとんど全量が養殖、一九九〇年に八・八万トンだった養殖量は二〇〇五年には一八倍の一六〇万トンにもなっている。養殖の中心だったブラックタイガーも二九万トンから七二万トンへと増えているが、バナメイには到底及ばない。養殖の

（2005 年に養殖と漁獲合計が 1 万トン以上のもの）（単位：トン）

1990 年			2005 年		
養殖	漁獲	合計	養殖	漁獲	合計
0	79,400	79,400	0	44,692	44,692
32,823	55,926	88,749	81,105	83,392	164,497
289,799	109,285	399,084	723,172	218,027	941,199
185,074	39,480	224,554	51,300	106,329	157,629
1	34,122	34,123	0	50,253	50,253
9,417	9,630	19,047	43,181	3,006	46,187
88,150	8,303	96,453	1,599,423	1,008	1,600,431
0	9,134	9,134	0	14,648	14,648
24,887	236,101	260,988	125,025	230,297	355,322
0	98,704	98,704	0	429,605	429,605
1,389	235,933	237,322	164	664,716	664,880
0	226,033	226,033	0	376,908	376,908
0	15,623	15,623	0	44,852	4,4852
467	540,697	541,164	609	887,688	888,297
28,580	35,186	63,766	14,600	63,211	77,811
0	41,928	41,928	0	23,259	23,259
0	34,980	34,980	0	19,938	19,938
0	26,036	26,036	0	12,125	12,125
0	13,666	13,666	0	10,412	10,412
0	10,995	10,995	0	52,411	52,411
0	0	0	0	11,700	11,700
679,976	1,956,720	2,636,696	2,675,336	3,416,533	6,091,869

表 2-1　エビ類(游泳類，shrimps, prawn)の種別漁獲量

＊学名／英語名(FAO)	標準和名	俗名・商品名・地方名
クルマエビ族クルマエビ科クルマエビ亜科クルマエビ属		
＊*Penaeus aztecus* Northern brown shrimp	—	メキシコエビ(ブラウン)
＊*Penaeus merguiensis* Banana prawn	テンジククルマエビ	バナナエビ，ホワイト
＊*Penaeus monodon* Giant tiger prawn	ウシエビ	ブラックタイガー
＊*Penaeus chinensis* Fleshy prawn	コウライエビ	大正エビ
＊*Penaeus setiferus* Northern white shrimp	—	メキシコエビ(ホワイト)
＊*Penaeus japonicus* Kuruma prawn	クルマエビ	クルマ，サエマキなど
＊*Penaeus vannamei* Whiteleg shrimp	—	バナメイ
＊*Penaeus notialis* Southern pink shrimp	—	
Panaeus shrimp nei	その他のクルマエビ属	
クルマエビ亜科サルエビ属		
＊*Trachypenaeus curvirostris* Southern rough shrimp	サルエビ	アカアシ，アカシヤ，アカエビなど
サクラエビ科サクラエビ亜科アキアミ属		
＊*Acetes japonicus* Akiami paste shrimp	アキアミ	アキアミ，マアミなど
コエビ族タラバエビ科タラバエビ属		
＊*Pandalus borealis* Northern prawn	ホッコクアカエビ	アカエビ，アマエビなど
エビジャコ科エビジャコ属		
＊*Crangon crangon* Common shrimp	—	—
Natantian decapods nei	その他の游泳類	
Metapenaeus shrimps nei	その他のアカエビ属	
Sergestid shrimps nei	その他のサクラエビ属	
＊*Parapenaeus longirostris* Deep-water rose shrimp	(サケエビ属の一種)	
Pacific shrimps nei	太平洋で獲れるその他のエビ	
Parapenaeopsis shrimps nei	—	
＊*Xiphopenaeus kroyeri* Atlantic seabob	(スベスベエビ属の一種)	
＊West African estuarine prawn	—	
游泳類合計		

出所)　FAO, *Yearbook of Fishery Statistics.*

トップ5は、バナメイ、ブラックタイガー、テンジククルマエビ(バナナ、ホワイト)、大正エビ(コウライエビ)、クルマエビの順になっている。そして、バナメイやブラックタイガーの陰に隠れているが、わたしたちに馴染みの、そしてエビ一貫養殖のさきがけであるクルマエビもかなり養殖量は増えてきているのである。日本国内の養殖というより、中国、台湾での養殖が大きく増加したためである。

食卓に上るエビ

わたしたちが日本でふだん食べるエビは、確率的に言えば、養殖のバナメイ、養殖あるいは天然のブラックタイガー、バナナないしホワイト(オーストラリアや東南アジア産のホワイト系のエビ)、大正エビ(コウライエビ、北東アジア)、フラワー(アシアカ)、アマエビ(ホッコクアカエビ)などのうちのどれかである公算がきわめて高い。クルマエビは値段が高いのでなかなか食卓には上ってこない。

鮨屋で出るいわゆるアマエビはホッコクアカエビで、日本海では今やわずかしか獲れない。たいていはノルウェーやデンマーク(グリーンランド)など北欧産である。近年、ロシアからも入ってきている。なぜなのかよく分からないが、ロシアで獲れたエビの加工地がタイだったりすることもある。

日本で獲られたエビ(イセエビおよび養殖クルマエビも含む)は、一九八五年に五万六〇〇〇トン弱だったのが、次第に減少して、二〇〇三年には二・六万トンと半分以下に減っている。うちクルマエビは、養殖を含めて二九〇〇トン弱しかない。一年間の国民一人当たりの国産クルマエビ消費量はたった二四グラムである。一人が年に一尾食べているかどうかという水準である。日本で食べる国産エビの大半は、トラエビ、サルエビ、モエビ、シバエビ、サクラエビなどの小型のエビである。これらは、地場での消費が多いので、わたしたちの食卓にはなかなか登場しない。だから、都市でわたしたちの買うエビは、ほとんど外国産と考えてもよさそうである。そして外国とは、熱帯・亜熱帯の第三世界の国々が大半と言える。

6　豊饒なマングローブ林

マングローブという樹

日本人の食べるクルマエビ属のエビを追ってその「現場」を歩くと、熱帯・亜熱帯のマングローブ林ないしその伐採跡に行きつく。養殖エビだけでなく、海で獲られるエビにしても、近くにマングローブ林がある。これはクルマエビ属の生態と、マングローブ林が深い関わりをもっているからである。

マングローブ(mangrove)というのは、熱帯・亜熱帯の海岸水域、とりわけ潮の干満の影響を受ける河口周辺、河川沿いに発達する塩生植物の森林を言う。マングローブの樹種は専門家によっても一定ではなく、三〇種から八〇種程度と言われる。主な樹種としてはヒルギ科のヤエヤマヒルギ、オヒルギ、メヒルギ、ヒルギダマシ科のヒルギダマシ、ヒルギモドキ、センダン科、ハマザクロ科の植物などである。ニッパヤシをマングローブに含める人もいる。マングローブは体内塩分を排出させるため、空気中に気根(呼吸根)を出す特異な植物として知られるが、その気根にはタコの足のような支持根のほかに、土中からタケノコのように突き出す形、折り曲げた膝のような形がある。ヒルギ科の樹は、果実は実っても種子は種子として形成されず、胚が直接発生しはじめ、木についたまま担根体を生じ、棒状の果実をぶらさげたような格好になる(胚生種子)。なかには先端が鋭く尖った胚生種子もあり、落下すると地上につきささって、そこから発芽をはじめる。

しかし、日本では奄美大島以南にしかないので、マングローブ林と人との関わりには関心があまり寄せられてこなかった。熱帯林というと山の熱帯林であれ、海辺のマングローブ林であれ、人が関わりにくい「猖獗《しょうけつ》の地」の代表格のように考えられてきているが、これはおそらく「温帯人」の勝手な思い込みかもしれない。森は「恐怖の地」でもあるが、実は同時に「豊饒の地」でもある。現に各種の熱帯のエビは、マングローブ林を稚エビから親エビに育ってゆく

伐採が進むマングローブ林(パプア・ビントゥニ湾)

際の生育場所にしている。マングローブガニと呼ばれるノコギリガザミやムツゴロウもいる。貝もたくさん棲息している。貧栄養になりがちな熱帯の土壌のなかでは、マングローブ林というのは、落ち葉で養分が補給され、川の上流から栄養分豊富な水が流れ込んでくる場所でもある。

マングローブを利用して生きる

だから熱帯の人びとはこのマングローブ林と昔から関わって、それを巧みに利用してきた。ここは天然の隠れ家であり、海の防波堤でもあり、海産物の供給地でもあった。東南アジア島嶼部の海民たちは、このマングローブ林を隠れ家にして海賊からの難を逃れたり、自ら海賊をしたりしていた(詳しくは、鶴見良行、一九九四)。漁民は魚や甲殻類を採取するだけでなく、マングローブ樹を薪や木炭などの燃料供給源にもしてきた。

さらに、長い年月をかけて、このマングローブ林に手を加え、そこを塩田として利用したり、さらには養殖池に造りかえてきたりした。

マングローブ林の生い茂る海辺は、一般的には川と海が交差する浅瀬だ。河口付近は上流から土砂が堆積した浅瀬である。この浅瀬の海辺で、潮の干満を利用して塩田が造られたのがいつ頃のことかは分からないが、かなり古い時代と思われる。塩田というくらいだから田んぼ(水田)を造る技術が先行してあったのかもしれない。

一方、海辺に石などを積み、囲いにして魚を捕獲したり養殖したりする漁業は南太平洋のポリネシアから日本に至るまで広く昔からあったという。海洋民族学者の西村朝日太郎さんは、この漁業の方法を、①石干見《いしひみ》、②石積養魚池、③石滬《せっこ》の三つに分けている(西村、一九八三)。ジャワには一四世紀頃にはすでに海辺の養殖池があったとの記録があるという(Schuster、一九五五)。西村さんは塩田と養殖池の関連性に言及していないが、ジャワではおそらく塩田が石積養魚池の役割を果たしたのではないかとわたしは思っている。そして塩田は水田稲作の応用として発展していったのではないかと考えられる。

わたしは何度も東ジャワの養殖池を見ているが、グレシクという地方では、乾季に塩田、雨季にエビ養殖というパターンがまだ生きている。そのグレシクはブンガワン・ソロ(ソロ川)がジャワ海に流れ込む地域である。ここで百数十ヘクタールもの広大な養殖池を経営するアムナンさん(故人)の養殖方法を見て「これは農民の発想だ」と思ったことがある。つまり、アムナンさんは池に湧いた藻を刈り取り、乾燥させ、それを池の有機肥料にして池の栄養循環を図っていた。池の土のなかにはアカムシが大量に育つ。これをブラックタイガーが餌にする。つまり、エビを「獲る」という発想ではなく「育てる」のだ。草刈りをして、有機肥料を作り、土を活性化させる――これは農民の考えそのものではないだろうか。

7　マングローブ林伐採とエビ養殖

クルマエビ属の生態

エビにとってマングローブ林とは何なのか。図2-2を見ていただきたい。商品価値がもっとも高く、貿易量の多いクルマエビ属の生活史を描いた図である。

わたしたちの食べる主要なエビはクルマエビ属であると述べた。そしてその多くは熱帯・亜熱帯の海に棲息するエビである。

クルマエビ属の親エビは、大陸や島の沿岸の陸棚に生活する。クルマエビ属を色によってホワイト系、ブラウン系、ピンク系に分ける見方があると述べたが、この分類によると、一般的にブラウン系(ブラックタイガーなど)、ピンク系のエビは砂泥に潜る(特に昼間)定住型体質を持

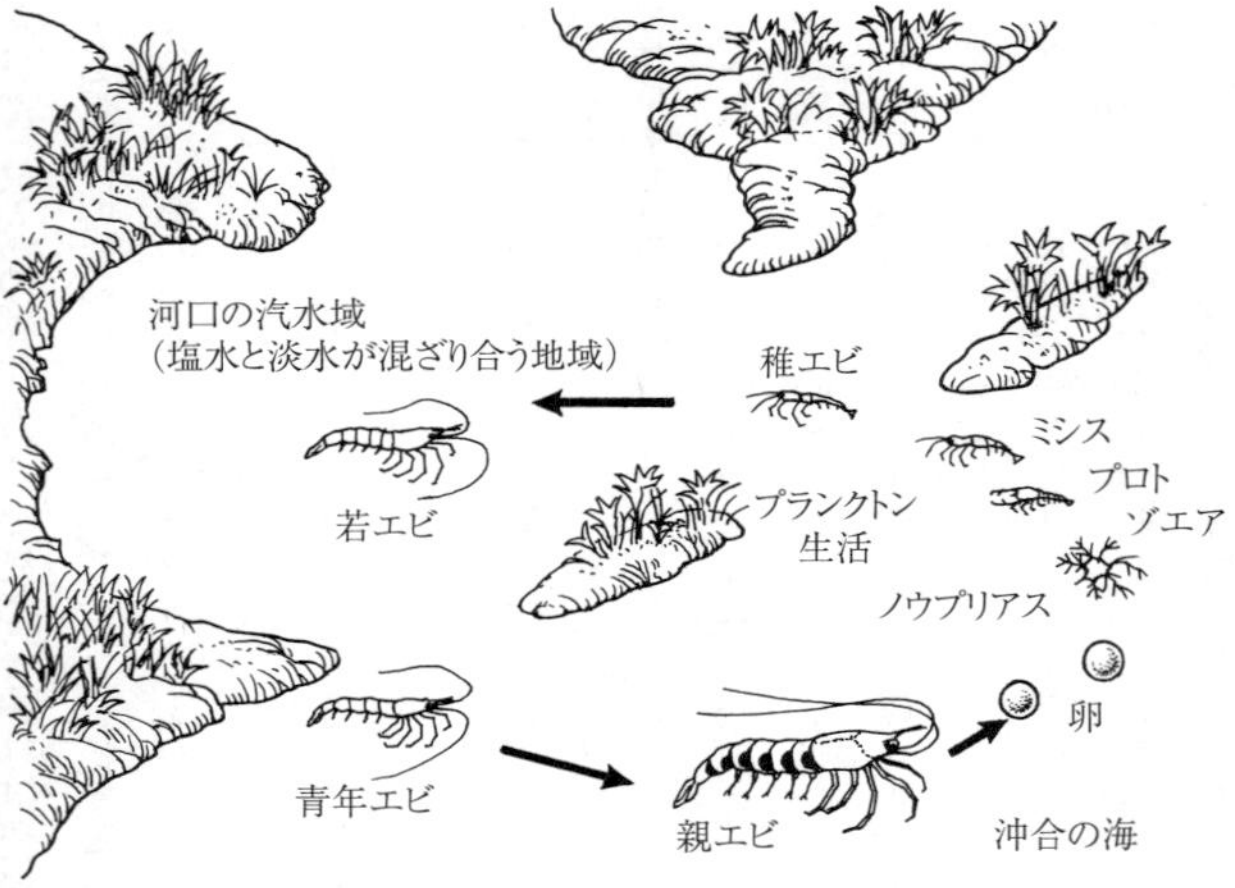

出所) Mujiman, Ahmad, *Budidaya Udang Putih*, Jakarta: Penebar Swadaya, 1982 および酒向昇『えび――知識とノウハウ』水産社, 1979 を参考に作成.『エビと日本人』より再掲.

図 2-2　クルマエビ属の生活史

ち、集群性はないとされる。それに対し、ホワイト系は放浪型、大群をなして移動するという。バナメイはホワイト系であるから、地底に生活するというより泳ぎ回る。だから養殖する場合も、ブラックタイガーのように地底面積で密度を考えず、水の容積で考えられると業者の人は言う。ブラウン系はホワイト系より沖合の比較的水の澄んだところに棲息すると言われるが、それでもけっして深海に棲むものではなく、陸棚が生活の舞台である。トロール船が浜のごく近くで網を引くのは、このためである。

雌エビは驚くほど多くの卵を産む。

日本のクルマエビで二〇〜七〇万粒、ブラックタイガーの場合、平均五〇万粒、最高で一〇〇万粒も産むそうだ。卵は半日ほどで、エビとは似ても似つかぬプランクトンになる。プランクトンは、成長、脱皮の段階に応じて、ノウプリアス(Nauplius)―プロトゾエア(Protozoea)―ミシス(Mysis)―ポストラーヴァ(Postlarva＝PL)という名がつけられている。ポストラーヴァは、もう稚エビである。クルマエビ属は、およそ一カ月のプランクトン生活をし、ポストラーヴァに成長、この稚エビの段階が一五日ほどである。卵からプランクトンとなるにしたがって、彼らは潮流に乗って海岸の浅瀬に近づいてくる。そこがマングローブ林の汽水域なのである。そこで稚エビは若エビとなり、やがて青年エビに成長すると沖合に出てゆき、そこで親エビになる。「マングローブなくしてエビなし」(No mangrove, No prawn)と言われるように、マングローブ林はエビの保育園のような役割を果たしているのである。日本でもカキを育てるために森の役割が大事であることが認識されているが(畠山重篤、二〇〇六年)、熱帯・亜熱帯でも同じことである。

日本産のクルマエビは、このサイクルをおよそ二年かけて循環する。つまり二年の生涯である。これに対し、熱帯水域で育つクルマエビ属の多くは十数カ月の寿命だという。

言うまでもなく、卵がすべて親になるのではない。プランクトンの段階でも稚エビの段階でも、数多くの〝犠牲者〟が出る。魚に食べられることが多い。自然環境のなかでは、一万粒の

マングローブを残している南スラウェシのエビ養殖池

卵のうち、稚エビになるまで生き残るのは一五尾にも満たないとされる。マングローブ林は、沖合に比べれば安全度は高い。しかし、そこにも干潟に棲むハゼ類が待ち受けている。それだけではない。三角の網を持った人間サマも待ち受けているのだ。親エビを連れてきて産卵させ、孵化させ、稚エビに育てる孵化場（ハッチェリー）が今や主流になっている。しかし、海辺に泳ぎ着く稚エビを三角網で獲り、養殖池に売るもっとも零細な、もっとも末端のエビ漁民がインドネシアにはまだたくさんいる。

人間は賢いのか賢くないのか分からなくなる。マングローブ林は稚エビの保育園のようなところなのに、マングローブを刈りとってそこを養殖池にして、よそで育てた稚エビを放流し、大きくする。環境としては最適かもしれない。しかし育つ場所をなくしたエビはやがて減ってしまう。とりわけ一九八〇年代以降に広がった集約養殖池は、自然から大きくはみ出し、餌も人工的に作り、大量投餌により大量生産をしようとする。一時的に大量生産に成功し、にわか成金が増える。しかしその結末は思わぬ悲劇へとつながっていく。やはりあまり賢くないのかもしれない。

「自然の保育園を工場にする」、それがマングローブ林の伐採であり、集約養殖池の造成である。すでに至るところで指摘されているが、この二〇～三〇年の間にマングローブ林は急速に減少しつつあり、それはエビの養殖池造成と大きく関わっているといってよい。

伐採へのグローバルな関与

二〇〇六年の日本の冷凍・生鮮エビ輸入量は二三万二一七六トン（大蔵省輸入通関実績。国内生産は二万五〇〇〇トン前後だから、わたしたちの食べるエビのおよそ九〇%は輸入エビ）、そのうちおよそ七五～八〇%は熱帯産・亜熱帯産のエビと考えて間違いない。そして、熱帯産のエビのおそらく今や五〇%以上が養殖エビである（養殖か天然かを分ける統計はない）。養殖エビの大生産地はベトナム、インドネシア、タイ、インド、フィリピン、中国などである。台湾はかつて養殖ブラックタイガーの大供給地だったが、ウイルスの流行で壊滅状態に追い込まれた。その台湾では古くからマングローブ林が伐採されてきたため、今やその面影はほとんどない。

インドネシアのスラウェシ、カリマンタン、スマトラのアチェ、タイの東部・南部、ベトナム、スリランカ、フィリピン、遠くはニカラグアなど、この二〇年ほどのうちにたくさんの養殖池地帯を歩いてきた。どこでもマングローブ林が伐採され、エビの養殖池の造成が進んでいた。一九八〇年代から九〇年代の半ばまで、中南米諸国は別として、マングローブ林破壊の最大の加担者は日本だったのは事実だろう。しかし、近年、アメリカや中国のエビ食の急増で様相が変わりつつある。マングローブ伐採についてもグローバルな関与の状況が生まれてきていると言える。

マングローブ林の統計は、実はあまり正確なデータがない。ここではFAOのデータで減少の傾向だけ把握しておこう。表2-2は一九八〇年と二〇〇〇年の数値であるが、世界のマングローブ林(一二一カ国にマングローブが存在するとされている)は、八〇年に一九八一万ヘクタールあったのが、二〇年間で五一五万ヘクタール減り、二〇〇〇年には一四六六万ヘクタールへと二六%減少した。さらにエビ養殖池と関わりの深いアジア、中南米二〇カ国のマングローブ林面積を見たのが表2-3である。アジアではフィリピン、ベトナム、インドネシアなどで減少比率がきわめて高い。中南米はもっと深刻な国が多い。タイはここでは一四・五%減になっているが、萩谷準一氏がウェブ上の「インターネット・マングローブ大学開校記念特別講義②マングロー

表2-2　世界のマングローブ林面積

（単位：1000 ha）

地　域	1980年	2000年	減少率
アフリカ	3,659	3,351	−8.4%
アジア	7,857	5,833	−25.8
オセアニア	1,850	1,527	−17.5
北・中アメリカ	2,641	1,968	−25.5
南アメリカ	3,802	1,974	−48.1
世　界	19,809	14,657	−26.0

出所）M. L. Wilkie & S. Fortuna, "Status and Trends in Mangrove Area Extent World-wide", FAO Forest Resources Assessment Working Paper.

ブは何故減少したのか」(http://www.alles.or.jp/「mangrove/click7.html)のなかで述べているデータでは、一九六一年に三六・八万ヘクタールあったマングローブ林面積が三五年後の九六年には一六・七万ヘクタールへと五五%も減ったという。わたし自身もタイのNGO関係者から三〇年間で半減したとの話を聞いている。

表2-3 主要エビ養殖国のマングローブ林面積

(単位:100 ha)

国名	1980年	2000年	減少率
ビルマ(ミャンマー)	5,310	4,323	−18.6%
マレーシア	6,690	5,720	−14.5
フィリピン	2,065	1,097	−46.9
タイ	2,855	2,440	−14.5
ベトナム	2,525	1,040	−58.8
インドネシア	42,540	29,300	−31.1
インド	5,060	4,790	−5.3
バングラデシュ	5,963	6,226	4.4
スリランカ	94	76	−19.1
ホンジュラス	1,564	500	−68.0
メキシコ	6,400	4,400	−31.3
ニカラグア	3,360	2,140	−36.3
エルサルバドル	470	240	−48.9
パナマ	2,300	1,580	−31.3
ベリーズ	750	627	−16.4
コロンビア	4,400	3,540	−19.5
ペルー	76	47	−38.2
ベネズエラ	2,600	2,300	−11.5
ブラジル	26,400	10,100	−61.7
エクアドル	1,930	1,478	−23.4

出所) 表2-2と同じ.

少し古いデータになるが、萩谷氏の報告に基づいてタイ以外の四つの国の状況を見ておこう。

(1)インドネシア　インドネシアは、世界最大のマングローブ林を持つ国である。一九八四〜八七年のマングローブ林面積は四二五・五万ヘクタールだが、これは厳密な意味でのマングローブ林面積ではなく、周辺の非マングローブ林も含んでいる。実際のマングローブ森林域面積は一五三・七万ヘクタール、このうち五九・三万ヘクタールが保全林、残り六七・五万ヘクタールが「生産林」として開発の対象にされている。残り二七万ヘクタールほどについては不明である。近年のマングローブ林減少の最大の原因は「養殖池への転換」で、八〇年にはジャワ、スラウェシ、スマトラを中心に一五・五万ヘクタールが養殖池になっており、以降、急激な転換が進んだ。その面積は九〇年には二八・五万ヘクタール、九三年には三一万ヘクタールに拡大している。

(2)マレーシア　マレーシアのマングローブは、マラッカ海峡側の西海岸沿いに発達、総面積は一〇・八万ヘクタール。マレーシアのマングローブ林は、「保安林」と「州管理林」とに分かれており、保安林は九・二万ヘクタール(全体の八六%)、「州管理林」は一・五万ヘクタール(一四%)を占める。マレーシアにおけるマングローブ減少は、人口増加によるほか、日本企業のチップ製造のための伐採や、ヤエヤマヒルギ属の樹種をレーヨン織物原料としての輸出などによるもので、年平均で一〇〇〇ヘクタール以上が減少している。

(3)ベトナム　ベトナムは、全長三二六〇キロの長い海岸線を持つ。この海岸線にそって海にそそぐたくさんの河川があり、それぞれ沖積地を形成している。海岸線は四〇万ヘクタール以上のマングローブ林で覆われていた。ベトナム戦争で米軍が「枯葉剤」を大量に撒いたため、一〇・五万ヘクタールのマングローブ林が失われた。戦後も沿岸域に移住してきた人びとによってマングローブ林の破壊が続いた。また、多数のマングローブ林が農地や養殖池に転換された。特にエビ養殖池への転換は急速で、一九八一年には五万ヘクタールが、八七年には一二万ヘクタールが養殖池に転換された。

(4)フィリピン　フィリピンは、輸送施設、商工業施設、農用地(稲作・ココナツが中心)、水産施設、観光施設、干拓、ゴミ処理施設などの開発でマングローブ林は急激に減少した。かつて四〇〜五〇万ヘクタールはあるとされていたマングローブ林は、一九八八年には一三・六万ヘクタールになり、残りのマングローブ林も常に伐採の危機にさらされている。

第３章
養殖池を歩く
―「海辺の廃墟」への旅―

エビを獲るトロール船(アラフラ海)

1 「草蝦の父」はいま

世界のエビ生産量は一九八五年に二一九万トン、二〇年後の二〇〇五年には六〇九万トン、約二・八倍に増えた。養殖エビ生産量は二一万トン(全エビ生産量の約一〇%)から二六八万トン(同四四%)へと約一三倍にもなっている。世界のエビの半分近くが養殖エビなのである。この二〇年の間にエビ養殖のグローバル化ともいえる事態が進行してきている。

日本のクルマエビ養殖の成功(一九六〇年代)が物語の始まりである。それは台湾のブラックタイガーにつながり、ブラックタイガーのウイルス蔓延が中南米産のバナメイのアジアへの移入につながっていった。

本章では、養殖を担った人びとを訪れ、その現場で何が起きているのかを見てみよう。そしてパプアのビントゥニ湾からは、海のエビの報告をしよう。

台湾の二二年

台湾南部、高雄より少し南下した屏東《ピントン》県、一九八五年三月にわたしは、初めて、そこを訪れた。海辺を走る道路沿いにエビ養殖池が集中している。コンクリートのプールのような池だ。ただし底は砂地だ。酸素補給の羽根車（エアレーター）が勢いよく回っている。ブラックタイガー養殖の最盛期だった。しかしその頃、地下水を汲み上げすぎて地盤沈下の問題が浮上してきていた。橋や学校の校舎が一メートルも地下に沈んだという報道もあった。

それから二二年経った二〇〇七年三月、そこをまた訪れた。羽根車はまだ勢いよく回っていた。しかしブラックタイガーの養殖をする人はほとんどいなくなってしまっていた。バナメイへの転換も起きていたが、それ以上にここの人びとはハタの養殖に惹かれていた。二二年のうちに何が起きたのだろうか。

陳清港さんは、八五年当時の典型的なブラックタイガー養殖池経営者だった。屏東県枋寮《ファンリャオ》、池と果樹園が海岸沿いに続いている。両親、妻、兄と五人の家族で、一ヘクタールの池二つと〇・五ヘクタールの池二つ、計四つの池（三ヘクタール）を経営していた。台湾はエビの高密度（集約）養殖の中心地だった。一ヘクタール当たりの収獲量が一〇トンを超えるような池があった。インドネシアの粗放養殖池に比べると生産性に五〇倍以上の開きがある。その生産をあげるために、ここでは膨大な資本投下がなされ、労働の密度も高く、徹底した科学的管理が行わ

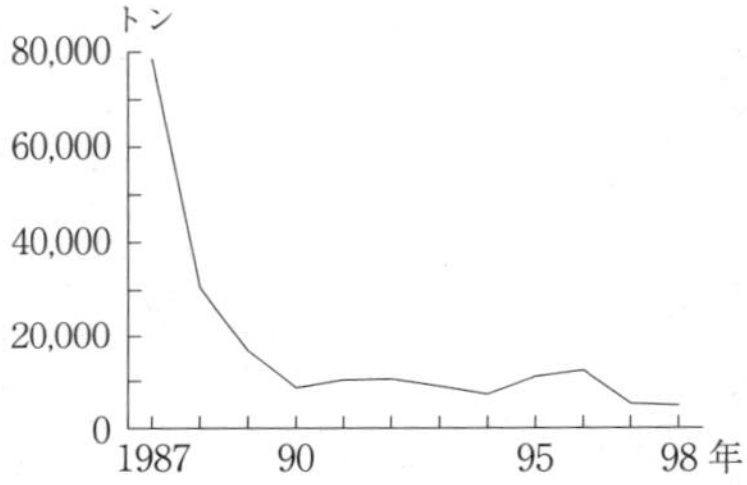

出所）『うなぎ・えび養殖年鑑』1999 年版，水産社.

図 3–1　台湾のブラックタイガー養殖生産量

れている。堰堤はコンクリート製で、水深一・二メートル、地底には消毒された砂泥が敷かれる。

稚エビ放流尾数は一ヘクタール当たり三〇万から三二万尾。一平方メートルにエビが三〇尾以上いる計算になる。陳さんの池は抜きんでた高密度養殖池である。年二回の収獲をするが、冬場は水温が下がるため、地下水を大量に汲み上げて温度調節を図る。餌はすべて人工飼料、それも種苗（稚エビ）段階から親エビ段階に至るまで、六段階に分かれた飼料が工場で生産されており、ちょうど合成肥料のような大きな紙袋に入れて市販されていた。

しかし二〇〇七年三月、陳さんの池ではもはやブラックタイガー養殖をやめていた。一九八八年に台湾ではブラックタイガーにウイルスが蔓延、壊滅的打撃を受けた。もはや台湾でブラックタイガー養殖をしている人はほとんどいなくなってしまったのである。二〇〇七年現在、この地域ではハタとバナメイの養殖が主流になっている。陳さんがエビ養殖を始めたのは一九六九年、この後に述べる、廖一久《リャオイーチウ》博士がブラックタイガーの人工養殖に成功したつぎの年である。陳さんは廖さんのいる東港の水産試験所に足しげく通い、廖博士の研究を目のあたりにしたのである。彼は学習し、すぐに実践してみた。やがて人工飼料が開発され、一九八三年に〝親エビ革命〟と呼ばれるような卵確保の技術も確立される。陳さんの経営も研究開発に並行し、順調に伸びつづけたのである。

台湾エビ養殖の父再訪

台湾のブラックタイガー養殖の成功は、廖一久さんを抜きにしては語れない。廖さんは台湾では「草蝦《ツァウヘー》の父」とも呼ばれている。

廖一久さん（基隆の国立台湾海洋大学にて）

ブラックタイガー養殖の生みの親ともいうべき廖一久さんを二二年ぶりに訪問した。一九八五年にわたしが訪れた時は高雄の南、東港にある台湾省水産試験所東港分所（現在は行政院農業委員会水産試験所東港生技研究中心）の所長だった。しかし、いまは台湾最北の港町基隆《キールン》の国立台湾海洋大学教授である。廖さんは八七年に行政院農業委員会水産試験所の所長に栄転した。ブラックタイガー崩壊の直前のことである。その後、二〇〇二年、基隆の国立台湾海洋大学教授になり、現在は同大学終身教授で、中央研究院（日本でいうところの学士院)会員になり、雲上人のような存在になっていた。

一九八五年に会ったとき、廖さんは、「エビというのは、どこか人間を翻弄するようなところがある。私も翻弄された一人でしょう。エビに憑かれるんです、ホンローされるんです」というようなことを言っていた。

そのとき廖さんに聞いた話でもっとも印象に残ったのは、エビの産卵を早めるため、「眼を切断する」ということであった。エビの眼は、産卵を抑制するホルモン(モルフィン・インヒビット・ホルモン)を分泌する。眼を切り落せば抱卵しやすくなる。両眼で一回産卵させ、つぎに片眼を切り産卵させ、最後に残ったもう一方を切断して産卵させる。このことは原理的には早くから分かっていた(一九四三年にフランスの研究者がテナガエビ類で実証した)が、はじめにそれを実践したのはタヒチにあるフランス系水産会社だった、と廖さんは言う。酒向昇によれば、アメリカのマイアミ大学水産学科が、七二年にクルマエビ科ピンク種で、また鹿児島大学水産学部の中村薫が七四年にクルマエビで、眼柄処理で親エビの卵巣成熟に成功したという(酒向昇、一九八七年)。八三年、台湾でもこの技術が確立された。廖さんは〝親エビ革命〟と呼んでいる。

しかし、廖さんは、エビの眼を切断するのは問題だという。第一に親エビが弱くなり飼いにくくなる、第二に自然の理に反する、第三に母性愛に反する、と。

後述する藤永元作が山口県秋穂《あいお》に養殖会社を設立した頃、廖さんは東京大学で勉強していた。

修士論文のテーマはクルマエビの食餌志向性の研究、博士論文は摂餌生態の研究だった。こののち一時、秋穂の藤永のもとで研究をつづけた。六八年に早くもブラックタイガーの人工繁殖実験を成功させ、七二年には人工飼料の開発、七三年には眼柄処理も手がけている。これらが商業生産に結びつき、台湾ブラックタイガー〝大爆発〟となるのは八〇年代に入ってからであるが、その基礎研究を廖さんは着々と行なっていたのである。

何がエビ養殖を崩壊させたか

一九八七年、廖さんが、突然の政府の命で水産試験所中央に「栄転」した頃、台南のエビ養殖は病気の危機に陥ろうとしていた。わたしは八八年の台湾におけるブラックタイガーの「崩壊」がなぜ起き、それに対して何も打つ手はなかったのかということをぜひとも聞いてみたかった。廖さんは一九三六年生まれ、七一歳になるが、まだまだ現役である。しかし「現場」からは離れている。

「八八年に基隆に移っても、もちろんブラックタイガーのことが気になっていました。わたしなりに献策しました。しかしある水産系の教授がブラックタイガー対策予算を独り占めにしてしまいまして、それを弟子に配ったためにエビの危機は救えなかったんです」と穏やかな廖さんには珍しく悔しげに語った。少しばかり生臭い話だ。別の人の話では、この教授は民進党の大物政治家とつながっていたという。ブラックタイガーとはいえ、国民党と民進党の対立が「現場」に影響しているようだ。それにしても、なぜあのような凋落が一気に起きたのか？

「わたしはブラックタイガーの事業者は二〇〜三〇もあれば十分だと思っていました。しかし実際は二〇〇〇もの事業者がいました。海辺を囲って、良い環境のエビ池をつくるというわたしの提言に政府・官僚は反対しました。どんどん輸出して外貨が欲しいのです。業者のなかには金儲けのため水温を三〇℃まで上げて、エビを早く大きくしようとする動きもありました。単位生産量を上げる場合には、必ず新しい影響があるし、副作用が出てきます。やはり自然の法則（原則）に反してはいけません」

二二年前にも、廖さんは、「眼柄の切断は、自然の理に反する、母性原理に反する」と言っていたが、やはり同じ思いでいることがわかった。二二年前、わたしは「片眼をまず切って、抱卵・産卵させ、その後、両眼を切ってもう一度」と聞いたように思っていたのだが、今回それは誤りだということが分かった。

「両眼を切断するとせいぜい二、三回しか抱卵しません。ひとつだと六、七回は抱卵します。でも、正確なところは分からないのです。両眼を切ったらどうなるかという正確なデータはないんです」

結局、自然の理に反するほどの成長主義と高密度養殖こそが崩壊の原因だったようだ。廖さんは自然科学者だから、科学技術によって問題が克服できると考える。

「フランスはマダガスカルで（ブラックタイガーを）長い時間かけ品種改良してきています。これは健全なエビです。病気になりません。きれいな草色になります。ブルータイガーのブルーは汚いブルーです。海色で台湾では嫌われます」

かつて廖さんのいた東港水産試験所（現・生技研究中心）でも、バイオ技術で親エビにウイルス耐性の強くなる注射をしたり、また池に悪影響が出ないよう、屋根をする、温室のようなところで飼う、水を循環型にする（クローズド・システム）など、さまざまな試みがなされており、技術によるウイルス克服の道が探られていた。廖さんに聞いてみた。バナメイは大丈夫ですか、と。

「バナメイもウイルス汚染があるでしょう。ウイルスは人間でも同じですが宿命です。ベトナムはバナメイ養殖に集中しつつありますが、将来は楽観できません。極端な防御態勢、閉鎖空間で病気を防ぐことにつ

ブラックタイガー養殖発祥の地・水産試験所東港生技研究中心

いては、狭い空間では可能かもしれません。しかし、広大な池のあるタイなどでそれが可能かどうかは疑問です。遺伝子操作までいかずともバイオ技術でウイルスにならない親エビ開発は可能かもしれません。しかし、生物の本質を考えるべきです。バイオ技術で種まで変えてしまうことは無理です」

二二年前「エビに翻弄される」と語った廖さん、現場から遠のいたとはいえ、エビへの思いは途切れていない。自然の理、生物の本質から、カネに翻弄される養殖業を見つめている。

2　藤永元作と秋穂とクルマエビ

クルマエビに一生を捧げた人

ブラックタイガー養殖一貫生産発祥の地ともいうべき台湾の東港の水産試験所玄関には、白いタイルに青地のエビのイラストが描かれている。正面玄関わきの庭に大きな石碑がある。この石碑には青い字でくっきりと「飲水思源」という言葉が刻まれている。廖一久さんの字である。「水を飲む時には、その源に思いを馳せよ」ということだろう。廖さんがどのような思いをもって書かれたか分からないが、ここを訪ねる多くの人は、廖さんを思い浮かべつつ、ここがブラックタイガー養殖発祥の地であると思うかもしれない。

山口県秋穂、エビ養殖の上では欠かせない土地である。台湾「草蝦の父」廖一久さんもここで学んでいた。そしてここは藤永元作がクルマエビ養殖技術を完成させたところでもある。ここにはもっとわかりやすい碑がある。秋穂のエビ養殖会社である瀬戸内海水産開発株式会社の前庭には二つの石碑があり、その一つは、「くるまえび養殖事業発祥の地」と刻まれ、裏には「この事業の創始者藤永元作の偉業を讃えてこの碑を建立し以て後世の道標に資す　昭和五十七年五月　瀬戸内海水産開発株式会社　第十四代　取締役社長　子孫由太郎　専務取締役　西村喜一　専務取締役　石田勲」とある。もう一つは「えび塚　生命躍如」と刻まれている。「えび塚」は世界でもめったにないのではないだろうか。

エビ養殖業者で藤永元作を知らない人はめったにいない。クルマエビに憑かれ、クルマエビに一生をささげた伝説的人物である。藤永元作の夢はクルマエビを「安く食膳に供しよう」(『水産週報』第二六四号、一九六〇年)ということだった。そのためクルマエビを大量養殖しようとしたのである。藤永は「酒仙」と言われたほどの酒豪だったという。カネに無頓着で、つぎつぎに事業を起こしては失敗する。苦学して東京帝国大学農学部水産学科を卒業した時には、三〇歳になっていた。学生時代の海洋調査で大正エビ(コウライエビ)や、ほかのエビに出会っている。

藤永の夢

藤永のクルマエビ養殖は突然生まれた技術ではない。日本の干潟や内灘の浅瀬海岸での畜養(浜の一画を石や砂で囲い、そこに入ってくる魚介類を自然に養育する方法)の伝統が基礎にある。東ジャワの塩田・畜養が今日のブラックタイガーの粗放養殖につながっているように。

日本では、古くから、海で獲れたクルマエビを海岸の砂地の穴のなかや、海の竹簀《たけす》の囲いのなかで蓄養していたという。藤永は大学卒業後すぐの一九三三年に熊本県天草に出かけ、そこでクルマエビの畜養池を見ている。熊本県はいまでもクルマエビ養殖の五指に入る。その後、下関にあった共同漁業(日本水産の前身)の早鞆《はやとも》水産研究所に赴任し、クルマエビの研究を開始している。のちに事業を設立する秋穂もここからは近い。天草の海辺の掘立小屋の実験場で、藤永は、クルマエビの生態を解明した。生簀《いけす》での産卵・孵化に成功したのである。クルマエビの人工養殖実現への第一歩である。

しかし、研究上の発見が商業生産として軌道に乗るまでには、長い歳月が必要だった。戦争もあった。戦後、藤永は水産庁の調査研究部長の職につき、役人生活を一〇年ほど送っている。天草の人工孵化から、種苗生産技術が確立される一九六四年まで、実に三一年の歳月を要している。さらに人工飼料の開発にも時間を要し、クルマエビ養殖が採算のとれる事業になったのは七〇年代のことである。藤永は役人時代にもクルマエビへの愛着を断ち切れず研究を続け、退官後は、本格的に養殖事業に乗り出す。そして、六三年に瀬戸内海水産開発を設立、廃棄された塩田に目をつけ、そこで養殖をやろうとしたのである。この会社の出資者には、高碕達之助、渋沢敬三、五島昇、今東光、井上靖、大宅壮一らも名を連ねている。設立翌年には、大型タンクを造り、そこでの種苗生産技術を確立したのである。

しかし、採算を度外視した藤永の会社は収益をあげるには至らず、彼はいわば失意のまま七三年に他界している。クルマエビ養殖が、ようやく事業として成り立ち始めた頃のことである。

クルマエビはおそらく多くの日本人にとっては特別のエビである。おいしい、活きたまま〝オドリ〟で食べられる、しかし高い。二〇〇六年一二月、中央卸売市場での国産クルマエビの卸売価格はキロ当たり四四七二円、一尾三〇グラムとすると一三五円になる。小売りになれば二〇〇円以上だろう。ある有名なエビ卸会社のネット販売による活きクルマエビの小売値は五〇〇グラム(二〇〜二五尾)七五〇〇円だった(二〇〇七年三月)、とすると一尾三〇〇〜三七五円にもなる。同店の天然ホワイト(インドネシアないしビルマ[ミャンマー]産)は、サイズ一三〜一五(エビのサイズについては一五〇頁の注参照)のかなり大型のエビが一尾当たり一〇七円であったから輸入大型エビの三倍にもなる。活きクルマエビはいまだに「高嶺の花」、藤永元作の夢はなかなかかないそうにはない。

3　石垣島のクルマエビ養殖

消えた匂い

藤永の設立した瀬戸内海水産開発はいまも健在である。山口県秋穂も「えびの町」として売り出している。秋穂に一度は行きたいと思いながら、なかなか果たせなかったが、二〇〇六年一一月、やっと行くことができた。秋穂の一帯は複雑な地形である。藤永の設立した瀬戸内海水産開発のあるのは秋穂湾の東側にある。秋穂湾は細長い西半島の先端にある岩屋の鼻と、東側の千枚岩に囲まれた人の頭のような形をした湾である。岩屋の鼻のある半島の向こうは山口湾で、ここには椹野川《ふしのがわ》が流れ込んでいる。秋穂では中世から塩田があったという。川の流れ込む浅瀬の海、内灘で大きく荒れることはない。こんな条件に藤永は目をつけ、ここにクルマエビ養殖場を開設したのだろう。

秋穂湾が眺望できる丘の上に国民宿舎があった。そこから湾を見下ろす。養殖池もよく見える。羽根車も回っている。確かに秋穂は養殖クルマエビのふるさとにはちがいない。しかし台湾の東港が養殖ブラックタイガーのふるさとだとしたら、秋穂の様相はかなり異なっている。秋穂にはいま一つ活気やにぎわいが感じられないのだ。「手作りエビフライ」と書かれた赤い

山口県秋穂のクルマエビ養殖場

幟《のぼり》、「活きクルマエビ」との青い幟がところどころにはためく。香月泰男画伯による「秋穂車えび養殖場風景画」が画碑として建てられている。秋穂はいまもクルマエビ養殖の「現職」であり続けている。しかしこれはいま日本全国で見られる風景だと思うが、生産現場特有の匂い立つような活気が失われてはいないだろうか。東港にはそのくさい活気が満ちている。東ジャワのシドアルジョの工場地帯と池を結ぶ道にも活気が溢れている。秋穂を責めているのでは毛頭ない。ただ日本の海辺には、もはや生産現場の「くさい活気」が消えてしまっているのではないかということが気になるのだ。ただし、一方でシドアルジョの日系エビ加工工場に入って驚いたことは、エビの匂いがないことであった。それは実に衛生管理が行き届いていることの証左でもある。悪いことではないのかもしれない。

しかしたとえば「無菌豚」という時、それは、過剰ともいえる清潔化をやや冷やかし気味に言う言葉として使われるが、無菌エビは匂いを消して成り立っている。そのようなエビ空間をわたしは少々疎ましくさえ思う。

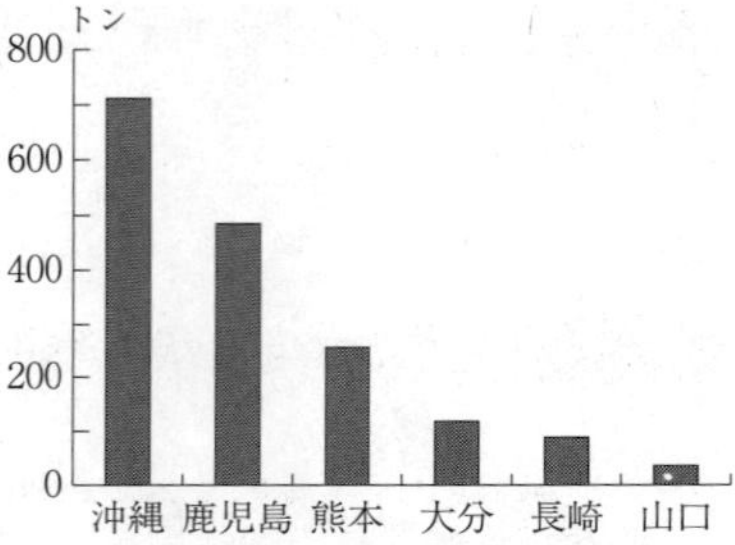

出所） 農林水産省統計部『平成 16 年漁業養殖業生産統計年報』.

図 3–2　クルマエビ生産量都道府県上位 5 位

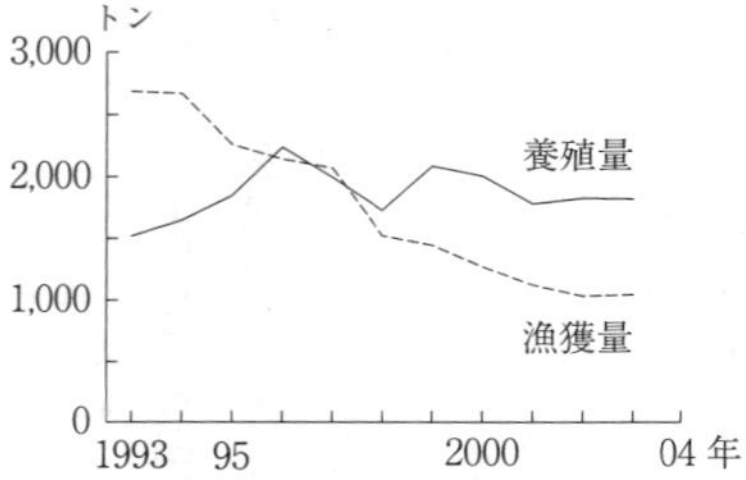

図 3–3　日本のクルマエビ生産量

石垣島にて

石垣島にいきなり話は飛ぶ。日本国内でクルマエビ養殖生産量の最も多いのが沖縄県である。二〇〇四年の養殖クルマエビ生産量は、沖縄県七一二トン、鹿児島県四八五トン、熊本県二五五トン、大分県一一八トン、長崎県八八トン、秋穂のある山口県は三五トンで、全国で六位なのである（図3–2）。養殖クルマエビの生産量はこの一〇年ほど二〇〇〇トン前後で推移しているが、海で獲れるクルマエビはかなり漁獲量を落としている（図3–3）。そして養殖クルマエビ

石垣島のクルマエビ養殖池

は日本だけでつくられているわけではない。台湾にはその伝統がある。台湾の養殖クルマエビ生産量のピークは一九九一年で実に一万四三一一トンに達した。いまでは二〇〇〇トンを下回るほどで、日本とほぼ同じ生産量になっている。おそらく中国で生産がかなり伸びているはずなのだがデータがない。

沖縄のクルマエビ養殖が伸びたのは何と言っても温暖な気候のためだろう。日本のクルマエビ養殖のタイプは、瀬戸内海型、天草型、鹿児島型の三つに分類される。秋穂に見られる瀬戸内海型は廃棄された塩田を利用した築堤式の養殖池、天草型は湾の地形を利用した小規模な半築堤型養殖池、鹿児島型は鹿児島県水産試験場が開発した円形の陸上コンクリート・タンクを利用し、配合飼料で育てる高密度養殖池である。台湾のブラックタイガーの高密度養殖池は、瀬戸内海型に鹿児島型を重ね合わせたような型といえよう。台湾型は沖縄にも入っている。

石垣島西南、こぶのように突き出た屋良部岳のある半島の南、名蔵湾に面してその養殖会社はある。「エポック石垣島」というのが養殖会社の名前だ。半島の北の側には「石垣エビ養殖」というもう少し大きな会社がある。ここは勝手にのぞかせてもらった。飼料がうずたかく積まれている。その一つバイタルプローン(Vital prawn)は鹿児島の工場製。二〇キロ袋で育成用№12とある。とてもたくさんの原材料と薬剤が使われている。

・動物性飼料七四%(魚粉、イカミール、エビミール、オキアミミール、〔貝肉ミール〕)

・植物性油かす類一三%(小麦グルテン)

・その他一一%(トルラ酵母、レシチン、イカ精製油、リン酸カルシウム、マリーゴールド花弁抽出物、コレステロール)

含有する飼料添加物の名称としては、ビタミンA、ビタミンD_3、ビタミンE、ビタミンC、ビタミンK_2、ビタミンB_1、ビタミンB_2、ビタミンB_6、ビタミンB_{12}、ニコチン、コリン、水酸化アルミニウム、ペプチド銅、硫酸亜鉛、硫酸マンガン、硫酸コバルト、ヨウ素酸カルシウム、リン酸一水素ナトリウム、リン酸二水素ナトリウム、アスタキサンチン、ニトキシキンなどが書かれている。クルマエビもずいぶんたくさんの飼料と添加物で育てられているものだと感心した。

「エポック石垣島」の社長は沖縄本島首里出身の本村浩司氏である。『エビと日本人』を読んだことがあるというので恐縮し、少々緊張した。四〇代半ばくらいの生真面目そうな方である。池を始めたのは一九九九年という。二〇〇七年で八回目の収獲を迎える。池面積は堰堤部分を含めた粗面積で八ヘクタール、池の純面積は五ヘクタールで、半島の向こう側の石垣エビ養殖のほうがずっと大きく、純面積で八ヘクタールはあるそうだ。エポック石垣島の従業員は七人、出荷時は三、四人のアルバイトを雇う。

開始した九九年にウイルスが大発生し、生産は目標の六〇％にしかならなかった。それ以降も、生産は波があり決して安定していない。市場価格の問題より生産の浮き沈みが問題だそうだ。ウイルスには結局、薬は効かないともいう。ビタミン剤をやったりはするそうだ。ここからのクルマエビは東京、名古屋、大阪など本土中央市場に九〇％が出荷される。もちろん個人の購入もある。

市価は三年前（二〇〇四年）に底をつき、ここ一、二年は持ち直し安定してきている。クルマエビの値段が落ちたのは、官官接待禁止の影響、民間も接待の自粛傾向であるという。「いまでは家庭消費のほうが多くなっています」と本村さんは言う。

クルマエビで中国、オーストラリアが生産を伸ばし、値も安いが、そことは競合しないそうだ。出荷の時期がちがうからである。現在の出荷額はキロ五〇〇〇円程度。ブラックタイガーとも競合しないが、スーパーなどからの大量注文が来ると値が下がるそうだ。

稚エビは沖縄県種苗センター(久米島)から買う。卵《らん》で買うこともある。以前は天然親エビからの孵化をさせていた。孵化場(ハッチェリー)も持っている。しかし天然物もウイルスありと判定されてはどうしようもない。すべて廃棄になってしまう。久米島の種苗センターが始まって四、五年になる。五月から七月が種苗生産期だ。しかし、種苗も天然も変わりがないように思う、という。

出荷のピークは一二月のお歳暮期、そして桜の開花期からゴールデンウィークまでの年に二回ある。本土とは競合しないが、奄美、九州とは競合する。水には赤土問題がある。フィルターでは粒子が細かく漉せない。雨の後などは取水をやめる。風の強いときも赤土が飛ぶ。淡水は入れない。湾だから塩分濃度三一~三二パーミルでほどよい。珪藻も湧く。排水に対してダイバーから苦情もある。

石垣以外に、竹富島には七ヘクタールの養殖場がある。平安座《へんざ》(本島中部東)養殖が最大で一八ヘクタールある。以前、福永産業公司(台湾人経営者)が糸満でブラックタイガー養殖をやり、その後、クルマエビ養殖を手がけたが、いまはやめている。

この池で最大の問題は、生産が安定しないこと、やはり技術が悪いのか、と最後は自嘲気味に述べていた。しかし、まあまあ採算はとれているというのでこちらも安心した。

4　エビ田の娘、キャットフード工場で働く娘

タイのエビ養殖ブーム

台湾のブラックタイガー養殖ブームは東南アジアに飛び火する。フィリピン、タイ、インドネシアなどで、一攫千金を夢見る資本家たちがブラックタイガーの集約養殖をつぎつぎに開始する。マングローブの海辺の住民たちも養殖池の労働に動員されるようになる。タイでは一九八八年の終わり頃、「エビ田の娘」(サーウ・ナ・グーン)なる珍妙な歌が大流行した。歌ったのは人気ロックバンドのガトーンというグループである。バンコクにいた友人がすぐに翻訳してその歌のカセットも送ってくれた。この頃のタイのエビ養殖ブームは、バブルに沸きたった日本経済も背景にあった。

エビ田の仕事は　ほんとにつらいわ　私のいい人
お化粧して　街に遊びに行く暇なんてないんだから
ジーンズの上に　パートゥン(腰まき)巻いて

泥だらけ　汗だらけ
もう臭くって　たまんない

まだまだあるわ　休みの日はないし　毎日びしょびしょ
いい気持ち　なんて日はないの
朝の三時、四時から　あくびしながら働いて
ほんとにつらいったら
でも　エビはまだまだ少ししか獲れない

だから待っててね　私のいい人
待ってて　もうすぐ村で会えるわ
だって私の父さん　まだとっても貧しい
何の望みもなく　泥のように生きてる
だから待ってて
あせらないで　私のいい人

（岡本和之訳『タイ・日本民衆交流ニューズレター』第六号、一九八九年二月）

その同じガトーンは「イープン・ユンピー」(イープンは日本で、ユンピーはそれをひっくり返した言葉、チビの日本人というような皮肉が込められているという)という歌も歌っていた。こちらの歌の方が流行ったようだ。

聞いたかい？　知ってるかい？　日本のサムライのことを
〝黄禍〟って何か　眼をしっかりと開いてちゃんと悟っておくべき時だよ
タイの皆　恐ろしいエコノミックアニマルが
タイを丸焼きにしてしまう　タイの大地を　田畑を
マングローブの海辺や山を　どんどん買いまくっているんだ
ミスター・イープン・ユンピー　刀をもったサムライ
タイの剣やタイ・ボクシングでまだ闘えるのだろうか？
タイの皆……

(岡本和之訳)

台湾のブラックタイガー・ブームは一九八八年のウイルスの蔓延で崩壊する。それから少し遅れて八〇年代末、タイでブームになっていた。九〇年の三月、わたしはバンコクを南下、パタヤ・ビーチを経て、東に折れタイランド湾に面したチャンタブリまで行った。バンコクを南に下ったところに稚エビを生育するハッチェリーがあった。タイの養殖は分業が進んでおり、親エビに産卵させるハッチェリーと稚エビ飼育場が分離されていた。その飼育場をのぞかせてもらったのだが、飼育場主は、少し前まではアヒルを飼育してその羽を売る仕事をしていたという。小さな飼育場だが繁盛しているようだ。プラスチック瓶の薬品がある。よく判読できなかったが「××サイクリン」と読める。「この薬は何ですか?」と聞いたら「よく分からない。業者がおいていったものだ」という。やはり病気のための抗生物質のようだ。飼育場主は内容を知らずに使っていたのである。

チャンタブリはマングローブ林を至るところで伐り開き、養殖池の造成が進んでいた。この頃、JICA(国際協力機構、当時は国際協力事業団)が制作した映画のなかでもチャンタブリのエビ養殖池の開発が取り上げられ、マングローブ林の盗伐や池の造成に地元の住民が反対運動を起こしている様子が紹介されていた(映画『開発と環境』、監督・原村政樹)。

日本行きキャットフード工場

一九九三年一一月末、タイ南部、マレー半島が一番くびれたタイランド湾に面したソンクラを訪れた。すでに懸念された事態が進行していた。ソンクラの町のすぐそばに、ちょうど霞ヶ浦のような海とつながったソンクラ湖がある。そのソンクラ湖周辺に多数のエビ養殖場が造成され、養殖場の排水が湖に流れていたのである。ここの池でもイギリス製の抗生物質が使用されていた。もちろん生活排水による汚染もあったにせよ、エビ養殖池の人工飼料、抗生物質、化学肥料、エビの糞尿などを大量に含んだ排水はソンクラ湖での漁業を危機的な状況に追い込んでいた。

この湖で漁業をしていた漁民の家を訪問した。魚が獲れない、エビが獲れないと嘆いていた。出された生暖かなスイカとともに、この漁民のことを今でも思い出す。地元の環境NGOの人の案内で池も見て回ったが、確かにひどい汚水が池の周辺の排水路に流れ、油も浮いている。池の畔は石灰で白くなっていた。漁民と環境NGOがソンクラ湖のエビを復活させようと、稚エビの放流の儀式も行われていた。

この漁民の娘は近くの工場で働いているという。その工場が実は日本に輸出するキャットフード缶詰工場であった。この工場には大量のマグロが冷凍保存されていた。聞いてみれば、マグロはインドネシアからも運ばれてくるという。バリ島にあるブノア漁港は七二年に日本のODAプロジェクト「バリ島マグロ漁業基地整備」(建設費約六億円)として建設されたものだ。インドネシア漁業振興(特にバリ島のマグロ漁業の振興)の目的でつくられたこの埠頭と関連施設は、長い間使われた形跡がなかったが、日本のバブル経済は、バリ島から「生鮮マグロの空輸」(空飛ぶマグロ)を可能にした。ブノア漁港がにわかに活気づき、台湾や沖縄のマグロ延縄《はえなわ》漁船がひしめくようになり、良質のメバチマグロがバリ国際空港(これも日本のODAで拡張工事が行われていた)から日本に空輸されることになったのである。おそらく、「不良マグロ」がタイのソンクラに運ばれ、キャットフードになったのだろう。

タイのエビ田の娘もキャットフード缶詰工場で働く娘も、「バブル経済狂騒曲」のなかで汗して働いていたのだ。その構図がそこにはあった。

あのあでやかな赤いエビのチリソース炒めが食卓にでてくると、わたしたちの口には甘さに備える唾液が分泌され、心豊かになるものだ。しかしその供給源の養殖池のあたりではそのように甘い空気は感じられない。アジア通貨・金融危機のあおりで、タイが深刻な不況に喘いでいた一九九九年一〇月末、再びソンクラ湖に出かけ、周辺の二つの小規模な個人経営の養殖池を訪問した。

ソンクラ湖のほとりで

サティンモー村のティエラさん(三九歳)。一区画四ライ(一ライは一六〇〇平方メートル、四ライだと〇・六四ヘクタール)の池を二つ持っている。以前は森林だった。少し内陸なのでマングローブ林ではない。収獲は年に二ないし三回。餌はCP社製。CP社はタイのグローバル総合食料会社で、アジア各国に進出し、インドネシアでも集約養殖池の経営をしている。ティエラさんの池では抗生物質は使っていないという。池ができて四年経ったが、それほどの儲けはない。肥料として鶏糞を使っている。初期投資は二〇〇万バーツ（通貨危機前のレートで約五〇〇万円）で銀行から借りた。エビは集買業者を使って売るが、値崩れしている時は自分でバンコクまで持っていき、輸出業者に直売するという。その当時の売値はサイズ七〇（キロ当たり。非常に小型のエビ）で、キロ二〇〇バーツ（約五八〇円、一九九九年末レート一バーツ＝二・九円）であった。餌は成長三カ月目のエビの場合には一日六回、四時間ごとに投餌する。羽根車は餌をやった後に回す。四ライの池に稚エビは三〇万尾放流する。稚エビの値は一尾約一三円。池の労働者は二人だが、収獲の時には臨時で人を雇う。銀行からいまも借金したままである。池の水はソンクラ湖からパイプで引き込む。塩分濃度の調整はやらない。湖の塩分にあわせている。池の深さは一・五〜二メートルで、排水口のほうが深くなっている。これは自分で工夫してやっていることだ。海草が生えるがこれは網ですくいだしている。最近の問題は稚エビの質が悪いことだ。また取水している水の質も良くない。茶色の水が良い。エビ養殖をする以前は建材の販売をやっていた。

もう一つの池の池主はソンクラの人だが、シンガポールから一人のエネルギッシュな華人を雇っており、彼に八区画の池の管理を任せている。一区画の池面積が二・五〜三ライというから池の総面積は二〇〜二四ライ(三・二〜三・八四ヘクタール)になる。池の深さは一・五メートル。池では一〇人のムスリムの労働者を雇っている。事務所の白板に投餌のスケジュール表がある。エビの現在の成長段階は一カ月、一日四回(六時半、一二時、一八時半、二二時半)投餌することになっており、一回の一つの池の投餌量は二〜二・五キロという。三カ月目になると投餌回数は日に五回になる。

ブルータイガーも出るという。シンガポール人によると、ブルーになる原因はカルシウム不足であり、アンモニアも関連するという。餌の問題ともいう。要するによく分からないらしい。収獲は三カ月半から四カ月。稚エビはアンダマン海側のストゥーン県から買う。そのほうが質が良いという。稚エビはソンクラの大学で質をチェックしてもらう。ここでの価格は一尾一二セントだそうだ。収獲後土地に石灰を撒く。畔道が白くなっているのはそのためだ。また、イギリス製ビタミン剤も与えているようだ。

稚エビ放流尾数はたとえば第六の池(三ライ、〇・四八ヘクタール)で二九万尾というから超高密度養殖である。収獲は四・四トン。二カ月経つと発病しやすくなると管理人の華人は言う。頭の黄色くなる病気が起きたことがあるともいう。生存率は六〇〜七〇%だそうだ。売値は当時はかなりよく、キロ当たり三〇〇バーツ(八七〇円)、全部の池の収獲量はおそらく七トンくらいで年二回収獲だと一四トン、キロ三〇〇バーツとすると四二〇万バーツ(約一二〇〇万円)。

これはもちろん粗利であるにしても高密度養殖のブラックタイガーがカネになることは確かである。この華人によると、病気には白(胴)、黄(頭)、赤(えら)の病気があるのだそうだ。「エビはよく面倒を見なければならない。餌もやりすぎはいけない」。これが教訓だという。

病気にさえならなければエビ養殖は確かにカネになる。しかし病気で破産に追い込まれた人も多い。インドネシアの東ジャワ、マドゥラ海に面したプロボリンゴ県プジャラカン郡スコクルト村で会ったモハマド・ナシルさんはエビの病気で倒産してしまった人だ。一九九七年通貨金融危機の三カ月ほど前のことだ。まだ雨季が明けていない三月中頃、空も暗く、会ったナシルさんは、エビ倒産から七年も経っているのに、いまだ立ち直れず暗い表情をしていた。気の滅入るような話だった。

「わたしはエビ養殖を始める前は養鶏をしていました。これは失敗しました。いまは自動車の修理屋(ベンケル)をしていますが、エビ養殖は九二年までやっていました。しかし失敗しました。八八年から九二年まで、五年の間ホワイト(*P. indicus*)の集約養殖をやりました。はじめの三年はそれなりの成果を上げ、池の面積を拡張することもできました。最初は五ヘクタールから始めましたが、最後は三区画一九ヘクタールまで池を拡大しました。それぞれの区画は五、九、五ヘクタールでした。一〇〇人ほどの人を雇っていました。九二年にホワイトは一、二カ月ですべて死滅しました。それがウイルスなのかバクテリアなのか水の汚染なのかは分かりません。テトラシクリンとかホルマリンとかさまざまな薬品を使いましたがダメでした」三、四年で集約池は病気になる、と言われていたがそのとおりだった。このプロボリンゴ周辺では八八～九〇年がピークだったようだ。

5 「緑の革命」と「青の革命」

「緑の革命」とは

「緑の革命」(グリーン・レボリューション)がもてはやされた時代があった。一九六〇年代末から八〇年代の頃である。実験室で交配された高収量穀物品種(特にコメ)を普及させ、食糧の大増産を図り、ひいては発展途上国の食糧不足と貧困問題を解決しようとの狙いで、アメリカが音頭をとり、一九六二年にフィリピンに国際稲研究所(ＩＲＲＩ)が創設され、「緑の革命」の推進機関になった。ここで生まれた高収量品種ＩＲ−８は奇跡のコメと呼ばれ、食糧増産革命が起きると期待されたのである(表3−1)。

わたしは一九七五～七七年、インドネシアのバンドンにいた。バンドン周辺の西ジャワ農村ではビマス計画の名のもとに「緑の革命」が進められていた。政府が農民への低利金融で高収量品種の作付けの促進、化学肥料と農薬の使用を推し進めていた。しかし大そうな喧伝とは裏腹に、さまざまな問題が田んぼで起きていた。インディカ米とジャポニカ米をかけ合わせてできた新品種にとっては水が命である。管理された灌漑水を必要とする。そして化学肥料を使用しなければ収量の大幅増は見込めない。新品種は病虫害に弱いため農薬使用も条件になった。

表 3-1 「緑の革命」と「青の革命」

	緑の革命	青の革命
品　種	HYV(高収量品種) IR-8 など	ハッチェリー養殖稚エビ ブラックタイガー
肥　料	化学肥料大量使用	人工飼料・施肥
薬　品	農薬散布	抗生物質投与
水管理	灌漑完備	エアレーター(酸素)
収　量	増	大 幅 増
影　響	土壌の劣化・病虫害	土壌劣化・排水汚染

こうした新品種導入でうまくコメを栽培できれば確かに収量は上がる。カネをかけた農業でもあるからだ。しかし新品種の味はお世辞にもおいしいとはいえなかった。この新品種・新技術は労働力投入量を削減するものではないとされていた。だが、実際はちがった。この頃、東南アジアでは農業の機械化が同時に進行しつつあった。田植機や収穫機(コンバイン)導入まではなかったが、トラクターと精米機がかなり入ってきていた。田を耕す労働者の需要が減る、水牛も失業する、女性たちのコメ搗《つ》き労働も不要になるなど、人の田んぼでわずかばかりの賃金で働いてきた貧しい農業労働者の仕事が奪われていたのである。そこに「緑の革命」が入ってきた。地主や自作農は、「緑の革命」を新たな利潤機会であると考え、ある種の囲い込みを実施した。不要な労働者を自分の田から閉めだす措置といえる。いちばん直接的に閉めだされ

表 3-2　エビの集約養殖と粗放養殖

	粗放養殖	集約養殖
え　　さ	天然(プランクトン等)	人工飼料
池の水深	0.3-1 m	1-1.5 m
池 面 積	3-10 ha	0.1-1 ha
水　　草	有　　り	な　　し
稚エビ放流	自然流入	孵化場稚エビ
稚エビ放流尾数(尾)	<3,000/ha	100,000-300,00/ha
生 産 性	100-200 kg/ha/year	>5 t/ha
混　　養	ミルクフィッシュ	な　　し

出所)　主として藤本岩夫『えび養殖読本』(改訂版) 水産社, 2004 年.

たのは女性の稲刈り労働者だった。地主・自作農は精米業者などと手を組み、村の外から少数の収穫労働者をひきいれ、効率的な鎌刈りで稲刈りを行なった。従来のインディカ米の収穫は、一穂一穂をアニアニと呼ばれる刈取りナイフで行なっていた。そこによそから鎌刈り集団がやってきて、あっというまに収穫してしまう。ここでも貧しい女性農業労働者が割を食うことになったのである。

二つの革命に共通するもの

エビ養殖池を見て回るうち、エビの集約養殖は「緑の革命」と同じ構造ではないかと思うようになった。

それ以前に、水田と養殖池には直接的な関係がある。エビ養殖池は塩分を含んだ池だから、周りに水田があると直接害を与えることになる。一方、水田からエビ養殖池への転換もある。

タイでは一九九七年末までに、約九万ライ(一四四平方キロメートル）の農地がエビ養殖池に転換されたという。たいへんな面積である。それもほとんどが集約養殖池である。集約養殖は土地への負荷が高い（表3-2）。九〇年代後半になると、内陸部でエビ養殖池の開発が行われた。病気を防ぐため海水をタンクローリーで運んだのである。海水は塩田の製塩過程でできる濃縮海水で、内陸部で淡水と混合する。しかし九八年頃から養殖池の周辺の水田や果樹園から塩が吹き始めたという。塩分が池から滲み出たのだろう。米作農民や果樹栽培農民、環境団体から養殖池反対運動が起き、政府は九八年七月七日に、米作地域のタイ中部一〇県のエビ養殖場を一二〇日以内に閉鎖するというエビ養殖禁止の措置をとった。養殖業者はこの措置に反対運動を起こしたが、いくつかの除外地域が認められたものの、九八年一〇月にこの禁止措置が実行されるに至った（馬場治「タイ国のエビ養殖事業」多屋勝雄編、二〇〇三年所収、および鹿野由里子「タイのエビ養殖がもたらす環境問題と解決への取り組み」http://kuin.jp/chuma/04field/04PDF/1405Chapter12Kano.pdf）。

インドでは一九九〇年代、海岸部での水田がつぎつぎにエビ養殖池に転換された。インド最高裁は九六年一二月に、「大規模なエビ養殖は環境破壊につながる」として、海岸から五〇〇メートル以内の陸地でのエビ養殖を禁止、そこにある養殖場を九七年三月末までに閉鎖することを命じる判決を出した（『朝日新聞』一九九七年三月二四日付）。この判決にはびっくりした。しかし、養殖業者など関係者から猛烈な反対運動が起き、結局、この判決はうやむやにされてしまった。

最近のニュースでは、インド・エビ養殖業者協会が、二〇一二年までにエビの生産額を現在の二倍強の一〇〇〇億ルピー(一ルピー=約二・七円)に増加させる事業計画を発表している(Nikkei Net、二〇〇七年四月一〇日)から、どうも最高裁判決とはまったくちがう方向に向かっているようだ。

グローバル・ビジネス・チャンスの力

二〇〇一年四月二八日にNHKで放映された「アジアのコメが消えていく」(NHKスペシャル)は、水田がエビ養殖池に変わりゆく様を生々しく映し出していた。そのナレーションでは、つぎのように語られていた。

「インドネシアの稲作地帯の一つ、ジャワ島中部のクンダル県では、田んぼの緑が途中で途切れ、水浸しになっているように見えます。これらはすべてエビの養殖場です。この一〇年、田んぼはつぶされ、つぎつぎとエビの養殖場に変わっています。その面積は全国で二万二〇〇〇ヘクタールにも及びます。田んぼを買い取り養殖場に変えていったのは、主に日本の資金や技術の援助を受けた企業です。土地を売った農民たちはそこで働くようになりました。いわば、エビ小作です。最近では、農民たちが自ら田んぼを養殖場に転換するケースが増えています。企業側も田んぼを買う必要がないのでリスクが少なくなり、こうした農民の動きを歓迎しています。このエビのほとんどは日本に輸出されます。インドネシアは日本向けのエビの最大の輸出国なのです」

稲作水田農民を一方的に責めても仕方がない。水田稲作よりエビ養殖のほうが、うまくいけば大儲けできるのは事実である。人手もずっと少なくて済む。もちろんリスクは伴うが、インドネシアのコメの自給のために農民の利得の機会を奪っていいという理屈は通らない。

タイでも、インドでも、インドネシアでも、背景にあるのはグローバルなビジネス・チャンスの広がりである。どこの政府も、また大きな企業もグローバル・ビジネス・チャンスに乗ったのである。コメより玉ねぎ、コメよりニンニク、コメよりエビ……これがグローバル化なのである。エビが儲からなければ他への転換が起きるだろう。環境を破壊するな、という理屈はもちろん成り立つ。だが、エビをしこたま食べるわたしたちがそれを言っても説得力はあまりない。

「緑の革命」が「青の革命」(ブルー・レボリューション)につながっていったのは偶然ではない。どちらのビジネス・チャンスがより大きいかだけの話で、生き物をより「工場的に」儲かるビジネスにしていこう、という発想に変わりはないのである。イネにもエビにも病虫害があり、これが大量を目指す「工場生産」の障害になった。

イネの在来種にももちろん病虫害があった。しかも、新品種は病虫害に弱く、病虫害の広がりはとても大きなものだった。ツングロ・ウイルス病、白葉枯病、トビイロウンカ、トビイロウンカが媒介するグラッシー・スタント病などが知られているが、わたしがインドネシアに滞在していた頃はトビイロウンカがしょっちゅう大発生し、被害が甚大だった。病虫害の広がりは、イネの密植(同種の植物などを間隔を密にして植えること)と関係が深いと言われている。熱帯の暑い水田地帯では密植は病虫害の伝染を非常に速くするのである。従来のインディカ種には密植はなかった。

エビの病気

エビの病気の伝播も高密度養殖と関わるとされている。台湾では一九八七〜八八年にモノドン・バキュロ・ウイルス(MBV)による汚染でエビの大量斃死し、ブラックタイガー養殖に壊滅的打撃を与えている。アジア各地でエビ養殖一筋の暮らしをされてきた藤本岩夫さんは、『エビ養殖読本——有機エビ養殖のすすめ』(水産社、一九九一年)という本を書かれている。この藤本さんは、台湾のバキュロ・ウイルス後のエビ養殖と病気について要約し、つぎのようにレポートしている。

「ホワイトスポット病(SEMBV)は、一九九三年に台湾で初めて発生した。一九九三年度中に、種苗の移動を通して、日本のクルマエビ養殖、中国の大正エビ養殖に拡散して致命的なダメージを与えた。そして、一九九四年末には、タイ経由でインドに飛び火し、ブラックタイガー養殖の夜明けを迎えつつあったインドの若いエビ養殖産業に壊滅的な打撃を与えた。また、一九九八年になり、タウラ・シンドロームやビブリオ菌、細菌の被害を克服しつつあった南米エクアドルのバナメイ養殖に突如ホワイトスポット病が襲いかかり、二〇〇〇年までにはエビ養殖産業の息の根を止めることとなった。

これら感染症の世界的な短期間での拡散は、人工種苗や親エビの密輸出入が主要因であり、そのほか渡り鳥によるものも考えられている。ただ、ホワイトスポット病のような感染症はMBV、中腸腺白濁症がそうであったと同様に、発生直後から二〜三年間は毒性が強く、抗生物質も効かず、手のほどこしようがないが、この期間を過ぎると、エビに抵抗力(免疫力)ができるのか、毒性が弱まり、養殖期間中エビへのストレスの総和が少ない場合、発症から逃げられるケースが増えてくる」

(http://www.manabook.jp/fujimoto_shrimp-farming-method.htm)

エビの病気はただならない感じである。台湾では養殖エビ生産量のピークが一九八七年で約七・九万トン、翌八八年には半減以上の三万トン、八九年が一・七万トン、九〇年には八五七〇トンにまで落ち込んだ。三年のうちに生産量が一〇分の一になってしまったのである。フィリピン、タイ、インドネシア、スリランカ、インド、ベトナム、マレーシアなど、ほとんどのアジアのエビ養殖国では八〇年代末以降、ウイルス性の病気が数年おきに発生し、そのつど「二〜一〇割の多大な損失が生まれている」(多屋勝雄、二〇〇〇年)。

ウイルス以外にビブリオ菌やカビもある。しかしいちばんの脅威はホワイトスポット病で、抗生物質もしばらくは効かないという。

ストレスが病気のもと、とわたしたちはよく言われるが、藤本さんもエビの病気はストレスによるという。ストレスは、高密度大量生産による低品質種苗の若年齢(PL八〜PL一〇)出荷販売、高密度養殖と低品質餌料の投与と関わると藤本さんは言う。少々人間的に解釈すれば、狭いところにぎゅうぎゅう詰めにエビを飼うと病気になりやすいということではないだろうか。粗放養殖の場合、稚エビ放流尾数が一ヘクタール当たり三〇〇〇尾(一平方メートル〇・三尾)なのに対し、集約養殖は一〇万〜三〇万尾(同一〇〜三〇尾)と三〇倍から一〇〇倍にもなる。ストレスが生まれないはずはない。

「青の革命」(ブルー・レボリューション)は、養殖漁業や栽培漁業など近代技術による水産業の飛躍・発展をさすことが多かった。しかし、現在は、農業における灌漑や河川流域管理のような水循環システムなどの技術的改革や水資源管理をさすことが多いようだ。わたしは「緑の革命」との対比で「青の革命」を位置づけてみたい。もう一度、表3−1(九七頁)を見ていただきたい。

すべてが完全に対比しているわけでないにしても、イネとエビを大量に生産するための手段(技術)は実に似通ったものがあることがわかる。そして発想そのものも近似している。生き物を大量に生育・飼育にして人間の食に供すること自体が問題なのではないだろう。問題は環境負荷が限度を越え、持続不可能な生産体系になってしまうことなのだ。エビの集約養殖は、右で述べたように、一平方メートルにすると、多い場合には三〇尾以上のエビが棲息させられることになる。その先には、ストレス→病気→大量斃死が待ち受けている。それ以前に、すでに指摘したようにマングローブ林の伐採もある。また汚染された池の水の排水公害もある。廖一久さんの言う「自然の法則」「生物の本質」が何であるのかに立ち返ってみる必要がありそうだ。

6　ビントゥニ湾のエビ漁

エビ漁のかたち

すでに述べたとおり、二〇〇五年の世界のエビ生産量(漁獲量と養殖量)は六〇九万トン、うち養殖量は二六八万トンで生産量の四四％に達する。一九九〇年は二六％（約七〇万トン）だったから養殖の比率および絶対量が大きく上昇してきていることがわかる（図3-4）。にもかかわらず、まだ半分以上は海ないし淡水（川や湖など）で漁獲されている。海や川でエビがどのように獲られているかを簡単に見てみよう。

伝統的なエビ漁には、①三角網漁、②漬《つけ》漁業（漬漁法）、③ルンポン漁、④簗《やな》による漁、⑤簀立《すだて》ないし敷網《しきあみ》、⑥刺網漁などがある（詳しくは『エビと日本人』）。しかし、そのような、のんびりした、いわば「待ちの漁法」では、大量のエビは獲れない。もう少し積極的なエビ漁は刺網漁である。これはまだかなり一般的に行われている漁法である。そしてさらに攻撃的な漁法がトロール漁である。

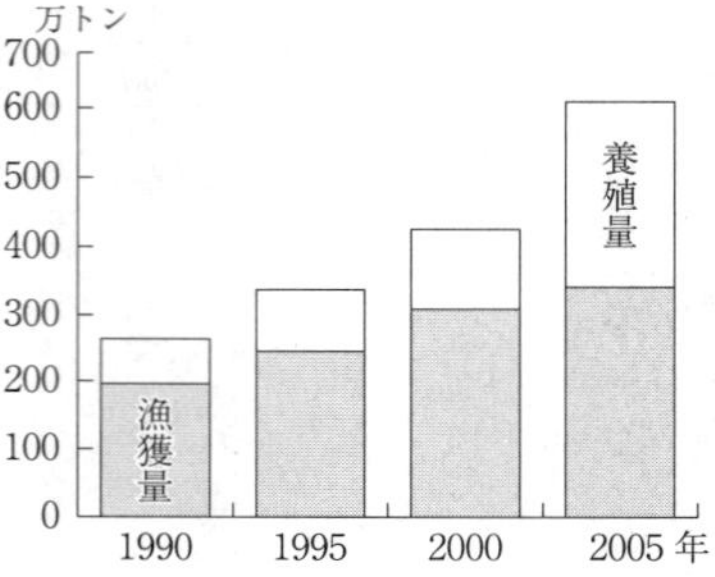

図 3-4　世界のエビ漁獲量と養殖量

大型のクルマエビ類は、高価である。たくさん獲れれば、大儲けができる。底棲のクルマエビ類を大量に獲るには、動力船で底引網をやればよい。かくて、トロール全盛となってきた。

船を漕ぎ、網を縦引にするエビの捕獲を目的とした手繰網《てぐりあみ》漁を「エビ漕ぎ」という。いつ頃始まったかは分からないが、明治一〇年代の大阪湾では、すでに「エビ漕ぎ」の名称があった。

この「エビ漕ぎ」に石油発動機がつけられたのが一九二四（大正一三）年で、これは漁場までの往復だけの動力化であった。二九（昭和四）年には動力引となった。エビの動力底引網漁である。瀬戸内海では、完全に動力化された現在でも「エビ漕ぎ」という言葉が、エビ漁を目的とした小型（三〜一〇トン級）底引船に使われている。

この「エビ漕ぎ」は、実は、今日、世界で主流となっている「フロリダ式二統曳エビ・トロール船」と、原理的にはまったく同じものなのである。フロリダ式二統曳エビ・トロール漁法というのは、「一九五五年にアメリカのテキサス州ロックボートで、自然発生的に開発された二統曳漁法」（酒向昇『海老』）で、網を開口させるために二枚のオッターボード（拡網板）を使うという特徴をもっている。これに対し、「エビ漕ぎ」は、「張り竹」と呼ばれる竹の棒を使って網を開かせておく方式である。大型、小型の違いはあるが、エビの生態から考え出される漁法は、洋の東西、似かよってくる。当然といえば当然なのだろう。

日本のエビ漕ぎ船は、戦前期には五トンほどの小型で一五馬力程度であった。それに対し、現在のフロリダ式トロール船は桁違いに大きい。船の全長は二四〜二七メートル、一〇〇〜一五〇トン級が普通で、四〇〇〜五〇〇馬力のエンジンが使用される。この大型トロール船が現在、世界中で操業しているのである。ただし、日本の沿岸では、オッターボードの使用が禁止されているため、わたしたちの身の回りで、この型の船を見ることはない。海底を荒らすというオッターボードの使用は日本の沿岸では許可されず、外国の海で使っているのである。

ちなみに、ガイアナからアマゾン沖までの南米北岸で、日本籍トロール船によるエビ・トロール漁が行われていたが、ここでは以前、一二三隻のフロリダ式トロール船が操業許可を受けていた。これ以外に、日本が海外に合弁会社を設立し、エビ・トロールをやっている場合がある。一九八五年の時点で、エビ・トロールを主体とした合弁会社は二八社(アジア・大洋州一八、中南米六、アフリカ四)あり、トロール船の数は二三〇〜二四〇隻にもなっていた。しかしいまでは非常に少なくなってきている。トロール船はほとんどが「現地化」したのである。

マングローブ林の豊かなビントゥニ湾に舞うペリカン

さて、ニューギニア島西部のパプア(インドネシア領)のビントゥニ湾で行われている刺網漁とトロール漁を見てみよう。

ビントゥニ湾は世界でも有数の広大なマングローブ林地域である。ニューギニア島を恐竜にたとえるならその頭部、口を開けた部分がビントゥニ湾である。東西およそ一二〇キロ、南北約四〇キロの巨大な入り江である。大小無数の、マングローブ林からなる島、汽水河川、海域からなる。マングローブの樹高は数十メートルにもなる。海にはイルカが泳ぎ、ペリカンが飛来し、ウミウやカモメ類が無数に舞う。ワニも時には姿を見せる。エビの影も濃厚である。

スハルト時代（一九六六〜九八年）、スハルトに近い華人財閥であったジャヤンティ社は東インドネシアのマルクやパプアで権勢をふるっていた。ビントゥニ湾でもジャヤンティ系の会社が五社あり、エビのトロール漁だけでなく、冷凍工場も持ち、マングローブ林の伐採、アブラヤシ農園の経営などの事業を展開しており、ビントゥニ湾では一九七〇年代からすでにエビ・トロール漁を開始していたという。しかしスハルト政権の崩壊によって、この湾だけでなくパプア全体で木材伐採やエビ漁をしていたジャヤンティ社が次第に勢力を失い、二〇〇六年三月に訪れた時は、この会社のトロール船は姿を消し、冷凍工場も廃墟と化していた。

しかし、マングローブ林の伐採はかなり進行しつつある。ほとんどのマングローブ林の伐採権が、国家によってすでに民間企業に売却されてしまっている。一方、現在、ブリティッシュ・ペトロリアム（BP）社を中心にしたコンソーシアム（国際借款団）によって天然ガス開発プロジェクトが進行している。日本企業も加わっている。いくつかの村は移住を強いられ、新しくきれいな村が新設され、海上には試掘の井戸も造られている。こうした外部資本による開発は、マングローブ林に依拠して生活してきた住民にはすでにさまざまな生活に支障を来す影響が出ている。

ビントゥニ湾の漁民たち

そんななかで住民たちは細々と刺網漁をやっていた。

オトウェリという小さな集落はビントゥニ湾の南岸にある。舟の着く木造の埠頭から、二〇〇メートルほどのセメントの道が集落まで続く。埠頭の脇にはエビの集荷場がある。ニッパヤシやマングローブに囲まれたこの道の左右にも家がある。セメント道が途切れるあたりにモスクと学校と村の集会所、そして共有の井戸がある。その先に広い砂地の道路をはさんで集落本体がある。一〇〇戸にも満たない小さな集落だ。集会所にはテレビ装置があり、大きなパラボラ・アンテナもある。集落の住宅は、やや大きな家、やや粗末な家、ペンキを塗ったこぎれいな家などであるが、大きな富の差はあまり感じられない。

ビントゥニ湾のエビ刺網漁

村のはずれの左手にモヤンと呼ばれる祠《ほこら》のようなものがある。この祠の裏手に老巨木があり、どうやら崇拝されているようだ。イスラームとは相容れない偶像崇拝かもしれない。

海に出る。オトウェリの住民のカヌー漁船がエビ刺網漁をしている。カヌーは長さ四メートル、幅五〇～六〇センチの小さな木造の刳《く》り舟で一人ないし二人で漁をする。網は白い浮き(ブイ)をつけ、流していく。網は全長一〇メートル、深さ一メートルが標準のようだが、縫い合わせ二〇メートルにしたり、深さ二メートルにしたり三メートルにしたりするという。小さな漁業だが、エビがカネになるのは確かだ。村全体で週一トン、年四〇トンくらいの収獲になるようだ。一回の刺網で三～一〇キロほど獲れるという。ただし漁期は八月から翌年の一月くらいまでの六カ月だそうだ。エビ獲りカヌーの周辺には水鳥も舞う。アジサシ、ウミウ、ペリカン、白鷺、上空には軍艦鳥も舞っている。マングローブの森にはサイチョウ、オウム、白頭ワシもいる。

木造の埠頭に戻る。埠頭には冷凍工場のあるソロンの町からの氷運搬船と商用船の二隻が停泊中。埠頭脇のエビ集荷場を見せてもらう。ソロンの集買業者がこの作業場を造ったようだ。ちょうど舟から入荷中である。漁民は発泡スチロールの箱で氷冷された無頭のエビを運んでくる。エビは、ほとんどがバナナ(テンジククルマエビ)、たまにブラックタイガーが混ざっている。大きな青い氷冷ボックス三〇〇キロ入りにエビがサイズをかまわずどんどん入れられる。氷、エビ、氷と積み上げていく。ここの売値はかなり大きなサイズ(二〇くらい)でキロ三万五〇〇〇ルピア(四〇〇円ほど)であった。ここからソロンまで船で七、八時間、そこで冷凍され、おそらく日本に輸出される。オトウェリで刳り舟に乗り、刺網漁をしている漁民にとって日本の消費者は想像の範囲をはるかに越えた存在であるにちがいない。

ジャヤンティ社がこの地から撤退する以前には、ジャヤンティ社の木造トロール船にしばしば遭遇した。三五トンクラスのボロ船である。大きな湾だが、かなりたくさんの木造トロール船に出くわす。大きな鉄のトロール船は数が少ない。この湾で獲れたエビはすべて湾の南岸ウィムロにある大きな冷凍工場(ビントゥニ・ミナ・ラヤ社)に運ばれていた。ここには五階建ての従業員宿舎もあり、ビントゥニ湾で唯一の近代的施設であった。

湾でエビ漁をしている船に乗り込んで船員にインタビューすることができた。

「昼の間しか操業していません。一回三時間ほどトロール網を引っ張って、一日四回網を上げます。一回の平均漁獲量はせいぜい五〇キロくらい。今さっきの網はたった三キロしか獲れなかった。エビの種類は、バナナ(*P. merguiensis*)、エンデバー(*M. endeavour*)、ブラックタイガーなどです。船長は昔、スマラン(中ジャワ)の日本企業で働いていたこともある」

この会社のトロール漁はきわめて評判が悪かった。操業許可を得ている船よりもかなり多い数の船が操業しており、その数は七〇〜八〇隻に上った。これらのトロール船が、法律を無視して水深一〇メートルより浅瀬で、あるいは河口や川で網を引いていた。

陸の冷凍工場には多数の若い女性労働者がジャワ島などから出稼ぎに来ていた。これらの女性労働者の大半は臨時雇いで、賃金は出来高払だった。殻剝き労働は一キロ五〇〇ルピア、一日三キロで一五〇〇ルピア(七五円)にしかならなかった(一九九六年当時)。食事も支給されず、地元の人たちは近くに小屋のような家を建てて住んでいた。

第４章
グローバル・エビ食の時代
―世界のエビ事情―

冷凍工場で働く（東ジャワ）

台湾はエビ養殖の先駆者として世界をリードしてきた。エビを起点とした養殖のグローバル化は中国、ベトナムなどアジアに大きく広がり、アメリカはアジアのエビを買い込むことで輸入世界一を達成した。日本は水産業者によれば「エビ食がプア」であるという。家庭内でのエビ調理は嫌われる傾向があり、加工されたエビがますます入ってきている。エビの世界でも、どうやら日本は「凋落」傾向にある。世界のエビで何が起きているかをここでは明らかにする。

1　台湾コネクション

台湾の養殖家

台湾南部のブラックタイガー養殖発祥地の東港に戻ろう。ここはブラックタイガーで世界とつながってきた。ニカラグアとバナメイのことを第2章で述べたが、ニカラグアの養殖池のあるプエルト・モナザンには、一九九二年にすでに台湾人のエビ養殖技術者が入っていた。台湾で開発された先進的なエビ養殖技術は世界につながっていったのである。

二〇〇七年四月、二二年ぶりに台湾に行き、「草蝦《ツァウヘー》の父」廖一久《リャオイーチウ》さんに再会し、廖さんの古巣である行政院農業委員会水産試験所東港生技研究中心(旧水産試験所東港分所)に行き、そこの陳紫媖《チェンツィーイン》所長に何人かの養殖家を紹介していただいた。

ブラックタイガー養殖に失敗したという黎進開《リーチンカイ》さんが試験所に来られた。黎進開さんはかつて、水産高校教員で、教鞭を執る傍らブラックタイガー養殖をしていたが、やはりウイルスにやられた。一転して一九八九年から二〇〇〇年までの一一年間、オーストラリアのダーウィンでブラックタイガー養殖事業に携わったという人物である。しかしながら、養殖池は洪水で流され崩壊してしまい、失意のうちに台湾に戻ってきた。そういえばずっと昔(一九八七年)に、ダーウィンに行ったとき、台湾人がエビ養殖の技術指導をしているという話を聞いた。これは黎さんが行くより前のことだが、台湾のエビ養殖進出はずっと前からすでに進められていたようだ。

黎さんは不幸にもブラックタイガーで失敗したが、父の代からの養殖一家である許武雄《ウーシウンスー》さんはしぶとく生き残っている。東港の町からほど遠くない、東県林邉郷にある許さんの家は、昔、わたしたちが「エビ御殿」と呼んだような豪華な三階建ての家である。父親の武雄さんは

許さん一家の家と養殖池

ビジネスに忙しくしていたので、息子の許炳傑《ウージェスー》さんが応対してくれた。

家に併設されたコンクリート堰堤に囲まれた養殖池が数区画ある。羽根車が勢いよく回っている。事務所脇にはハッチェリーもある。炳傑さんによると、中心はハタ養殖だが、バナメイ、ミルクフィッシュも養殖しているという。おそらく台湾の典型的な養殖経営なのだろう。家族経営で、養殖魚種はその時いちばん利益になるものを選び、不調になればすぐに転換してしまう。いまはハタとバナメイなのである。温和な炳傑さんに訊いてみた。息子の代にも養殖業を継がせたいかと。炳傑さんは即座に「息子には跡継ぎをさせたくない、きついから」と答えた。しぶとく生き延びてきた台湾の養殖業の前途はどうなるのだろうか。

それにしても、東港は面白い港町である。養殖と漁業とグローバル化が共存している。養殖は近郊の海辺で行われている。伝統的なミルクフィッシュの養殖はしぶとく生き残っている。

台湾の人はミルクフィッシュをよく食べる。外国との関係で、特に日本との関係で、ウナギ養殖が一時大隆盛したが、中国の台頭で没落した。つぎの大隆盛がブラックタイガーである。それが病気で大被害を受けるとハタ(台湾では石斑という。英語名 grouper)類に転換する。ハタにはヤイトハタ、チャイロマルハタ、サラサハタなど、種類が多い。日本では、ハタ類はさほどの引きはないが、アジアの中国人がこぞってハタ類を引いている。クルマエビも衰退している。これもおそらく中国の台頭によるものだろう。

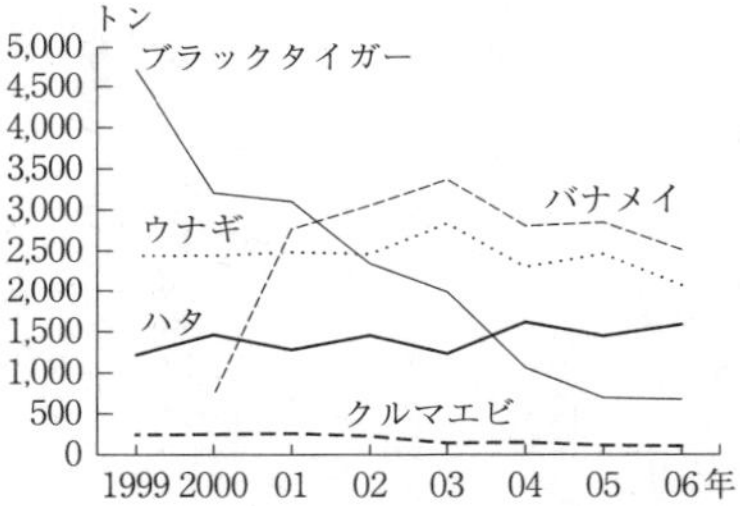

出所) Fisheries Agency, Council of Agriculture, Executive Yuan, R. O. C., *Taiwan Fisheries Yearbook.*

図 4-1　台湾の養殖魚生産量

今は新たに中南米産バナメイの養殖も盛んになってきている。図4-1を見てもわかるようにブラックタイガーの衰弱、バナメイとハタの勃興が著しい。漁業ではクロマグロがあらたな期待の星になっている。またサクラエビ漁も活況を呈している。サクラエビは本来、駿河湾のエビであるが、東港近海が新たな漁場として登場している。さらにカラスミ(ボラの卵)がある。いつも高値で、酒のつまみとして日本ではもてはやされている。ボラの卵だけでなく、今では別のより巨大な魚の卵もカラスミとして売られている。

東港とマグロ

東港の魚市場をのぞいてみた。マグロ専用の市場がある。冷凍はほとんどなく生鮮マグロである。圧倒的に多いのはキハダマグロである。クロマグロもあがっていた。水産高校生の見学ツアーがあり、クロマグロ解体を見学している。巨大なスギ(スズキ目スズキ亜目スギ科、*Rachycentron canadum*、英語名 cobia、別名クロカンパチと呼ばれたこともある)もごろごろしている。スギは養殖もされている。

この隣に卸と小売兼用のような大きな市場がある。活きクルマエビもある。ブラックタイガー、バナメイも多い。干したサクラエビもある。カラスミも売られている。ありとあらゆる魚介類や加工品が所狭しと並べられ、市場は活気に満ち満ちている。市場の外にはマグロのオブジエもある。

マグロと東港との関係がどのようにできたのか。マグロ好き日本からの玉突き現象のように思える。一九八〇年代中頃以降のバブルで生鮮マグロ、すなわち海外から空輸される「空飛ぶマグロ」が登場した。バリ島には日本のODAでできたブノア・マグロ漁港があるが、ブノア漁港は生鮮のメバチマグロの水揚げ港になり、沖縄と台湾からマグロ延縄《はえなわ》船が多数押しかけた。ブノア港で何度も見たマグロ延縄船は東港の船だった可能性が高い。マグロを釣り上げる餌に

東港の魚市場

ミルクフィッシュが使われていた。この東港とミルクフィッシュの強いつながりを考えると、あの餌も東港のマグロ漁船が発想した可能性が大きい。

もっと面白いものに出会った。「合法　印尼船員」という看板を掲げた事務所だ。「印尼」とはインドネシアのことである。東港にはインドネシア人船員の斡旋業者(マニング会社)があるのだ。その近くに「Ｎｉｒｗａｎａ」(ニルワナ)という名のカラオケ屋があった。ニルワナはインドネシア語で涅槃《ねはん》を意味する。このカラオケ屋の野外には大きなＴＶがあり、インドネシアのニュース番組を放映している。一〇人ほどのインドネシア人男性と一人の女性が椅子に座ってその番組を見ている。マグロ船の船員とカラオケ屋で働く女性である。話しかけてみたが警戒されたのか何も答えてくれない。マグロ船の船員は今やきわめて「国際化」

されており、台湾船もインドネシア人船員を多数乗せているのである。トロもエビと同じように国産などあり得ない時代である。

東港はインドネシアと日本とをつなぐグローバル漁港である。元をたどればブラックタイガー養殖に行きつく。そしてマグロにもつながる。今はハタとバナメイがグローバル漁業の担い手になりつつある。

台湾でブラックタイガー養殖の破綻後に台頭したのが、ハタ養殖と最近のバナメイ養殖である。ハタ養殖はインドネシアにも飛び火している。東ジャワではバナメイ養殖とともにハタの養殖が進みつつある。ハタ類は何種類かある。

養殖されているハタ（東ジャワ・シトゥボンド）

姿形はかなり醜悪である。大きな口、太いナマズのような底魚である。しかし白身の柔らかで美味な魚といえよう。今までブラックタイガーの孵化場がたくさんあった東ジャワのシトゥボンドでは、今やハタの孵化場とバナメイの孵化場ばかりになった。ブラックタイガーの孵化場は数えるほどしかない。台湾も東ジャワもグローバル漁業のなかに生きている。

養殖も需要供給の原理で動く。ハタ類の引き合いは香港や台湾、あるいはシンガポールあたりである。中華料理としてハタ類の引きが強い。ハタの需要は東南アジアの華人、あるいは中国本国に根強いのだ。だから各地でハタ養殖への転換が起きたのである。エビの養殖場からの転換も容易である。ブラックタイガーの衰退は病気がいちばん大きな原因だが、バナメイに関しては(今のところ)病気に強い、成長が速いという特性から、その普及が進んでいるのだろう。台湾養殖業者の変わり身の早さを見るにつけ、あらためて中国・台湾人ビジネスのしたたかさを感じざるを得ない。彼らのビジネスは、東アジア、東南アジアだけでなく、オーストラリアから南北アメリカ、さらにはアフリカまで広がる勢いにある。エビという一点からもそれが見て取れるのである。

ウナギ、ブラックタイガー、クルマエビなど、「台湾養殖業はさんざん日本に振り回されて腹は立ちませんか」と養殖一家の跡取りの許炳傑さんに尋ねたところ、「いまは海外市場は日本だけでなく世界中に広がっているのでどうとも思わない」との答えが返ってきたのが印象的だった。

2　エビ輸入国としての中国の台頭

相次ぐナマコの密輸事件

二〇〇六年、ナマコの密輸や窃盗が話題になった。三つの記事はつぎのように報じている。

「室蘭海保は二八日、ナマコなど三二トン(四八〇〇万円相当)を密漁していたとして、道海面漁業調整規則違反(密漁)などの疑いで、暴力団ら七人を追送検した。ナマコはここ数年、中国での需要の高まりに伴って市場価格が高騰しており、密漁も増えている。今回の密漁量は「データがある二〇〇四年以降で全国最大」という。……ナマコは近年、漢方薬や高級食材として中国からの需要が増え、市場価格が高まっている。干しナマコの一キロ当たりの単価は、二〇〇三年で約九千円だったが、二〇〇五年は四倍近い三万四千円に跳ね上がった。……それに伴い、道内の密漁も増加。一管本部によると、ナマコ密漁による逮捕は二〇〇四年はなかったが、二〇〇五年一件、二〇〇六年は既に三件となっている」(『北海道新聞』二〇〇六年六月二九日付)

「中国での需要の高まりで価格が急騰し「海の黒ダイヤ」と呼ばれる乾燥ナマコ三〇〇キロ(時価一二〇〇万円相当)を盗んだとして、北海道警は一八日、会社員ら二人を窃盗の疑いで逮捕した。この事件で、道警はこれまでに暴力団幹部を含む八人を逮捕しており、暴力団の資金源

表4-1　中国の魚介類輸入量

（単位：トン）

	1985年	1990年	1995年	2000年	2004年
タラ類		16	233,560	398,072	610,013
イカ・タコ	2,300	9,935	49,631	234,312	203,891
ヒラメ・カレイ類			30,814	74,887	117,578
ニシン・イワシ類			14,639	41,121	108,574
サケ・マス類			5,212	25,401	90,766
エビ	3,000	1,476	14,606	57,423	58,005
その他	253,262	354,012	993,999	1,683,105	1,788,250
合計	258,562	365,439	1,342,461	2,514,321	2,977,077

出所）FAO, *Yearbook of Fishery Statistics.*

になった可能性もあるとみて販売ルートも捜査する」（『朝日新聞』二〇〇六年一一月一九日付）

「乾燥ナマコは現在、一キロ四万〜五万円で輸出される。「日本産はキロ当たり中国のサラリーマンの平均月収くらい」と中国人の輸出業者(四四)は言う。背景に中国の経済成長がある。遼寧省や山東省で養殖を進めているが、富裕層は日本の天然ものを好むという」（同、二〇〇七年八月二〇日付）

中国の経済成長は、一三億人の食の内容を大きく変えつつある。多くの人がフカのヒレ、ナマコ、ツバメの巣など高級料理にどんどん近づいてきている。中国は安価な工業製品の大量輸出で世界経済を驚かせている。大変な貿易黒字国で、二〇〇六年の貿易黒字額は一七七五億ドルに達した。また、外貨準備高は二〇〇六年末には一兆六八五億ドルとなり、一兆ドルの大台に乗せた。いずれも日本を上回る数字である。当然、食料輸入も増え、日本でナマコの密

表 4-2　世界の水産物生産量　（単位：トン）

1995 年		2000 年		2004 年	
日　本	5,958,073	中　国	5,670,418	中　国	8,749,401
中　国	3,745,368	日　本	5,201,085	日　本	4,552,765
ロシア連邦	2,816,463	ロシア連邦	3,276,214	インドネシア	2,931,824
ペルー	2,376,777	ペルー	2,990,363	ロシア連邦	2,716,783
タ　イ	2,333,190	タ　イ	2,268,835	ペルー	2,530,384
アメリカ	2,218,167	アメリカ	2,255,846	タ　イ	2,502,135
チ　リ	2,206,583	ノルウェー	1,709,092	アメリカ	2,122,323
ノルウェー	1,460,968	チ　リ	1,611,277	チ　リ	1,965,067
韓　国	1,366,868	インドネシア	1,338,703	ノルウェー	1,368,811
インドネシア	1,227,783	スペイン	1,241,754	スペイン	1,251,102
その他	13,227,446	その他	12,053,158	その他	14,698,091
合　計	38,937,686	合　計	39,616,745	合　計	45,388,686

出所）FAO, *Yearbook of Fishery Statistics.*

漁・窃盗が出てくる構造がここにある。

世界一の水産国・中国

中国の貿易における魚介類輸入を見ると驚くべきことがわかる（表4－1）。中国の魚介類輸入で多いのはタラ類、イカ・タコ、ヒラメ・カレイ類、ニシン・イワシ類などであるが、その輸入量は一九八五年に二六万トンほどだった。しかし、二〇〇四年には二九八万トンへと一一倍以上に伸びている。エビ輸入は三〇〇〇トンから五万八〇〇〇トンへと何と二〇倍近くになっている。このように中国は魚介類輸入を急増させているが、これで驚くのはまだ早い。

中国は今や世界一の水産国なのである。水産国と言えば以前の相場は日本であった。しかし、ＦＡＯの二〇〇四年のデータによると世界の水産物生産量第一位は中国で、生産量は八七五万トン（世界の生産総量四五四〇万トンの二〇％近い）、日本は二位と言っても四五五万トンだから中国の半分くらいの生産量でしかない（表４−２）。一三億人も人がいて、海岸線も長いのだから当然といえば言えないことはない。にもかかわらず、わたしたちの頭には「水産国・中国」というのはインプットされていないのではないだろうか。

水産物輸出でも中国は今や世界第一位になっている。二〇〇四年には二四〇万トン、六八億ドルを輸出している。二位のノルウェー一九八万トンを大きく上回っている。日本は一九八五年にかろうじて七位の座にあるが、九〇年になるとトップ10のなかからは消えている。ちなみに七六年には日本は世界一の水産物輸出国だった。ちょうどバブルに入って、日本は水産物輸出国から輸入国へと変わっていったのである。輸入食品でエビが全食料品一位の座に躍り出るのが八六年のことだから、八〇年代後期から九〇年代は日本が決定的に食料生産国を放棄し、輸入に頼る時代に突入した時代と位置づけることができる。エビはその象徴的な商品である。

中国はエビでも世界一の生産量の座にある（表４−３）。エビの漁獲量、養殖量をあわせた生産量は一九八五年には三七万トンだったが、二〇年後の二〇〇五年には二五〇万トンと六・八倍も増えている。養殖エビの生産量は四万トンから一〇二万トンへと二六倍も増加した。これが中国のエビ生産を支えてきたと言える（表４−４）。

表4-3　世界のエビ生産量上位20位　(単位：トン)

	1985年		1995年		2005年	
1	中　国	366,957	中　国	665,577	中　国	2,496,524
2	インド	245,489	タイ	390,426	インドネシア	514,589
3	アメリカ	152,834	インドネシア	378,599	インド	509,634
4	インドネシア	149,164	日　本	332,478	タイ	443,223
5	タイ	126,290	アメリカ	140,223	ベトナム	435,100
6	台　湾	107,711	ベトナム	138,574	カナダ	139,829
7	ノルウェー	91,160	ロシア	131,678	メキシコ	139,247
8	マレーシア	89,743	ギリシャ	112,081	ギリシャ	137,009
9	フィリピン	79,272	メキシコ	99,565	アメリカ	122,091
10	メキシコ	74,599	ノルウェー	85,901	ブラジル	101,631
11	ブラジル	67,510	インド	83,529	マレーシア	86,152
12	日　本	54,991	アイスランド	81,926	フィリピン	85,010
13	グリーンランド	53,565	カナダ	63,139	ミャンマー	69,044
14	ベトナム	50,000	エクアドル	48,615	バングラデシュ	63,052
15	韓　国	40,307	ブラジル	42,982	エクアドル	58,850
16	エクアドル	36,228	マレーシア	42,527	ノルウェー	48,310
17	ソ　連	33,375	フィリピン	39,250	台　湾	41,666
18	パキスタン	26,685	韓　国	36,427	ナイジェリア	28,549
19	スペイン	25,324	バングラデシュ	32,434	ベネズエラ	27,980
20	アイスランド	24,894	アルゼンチン	28,235	日　本	24,805
	その他	291,620	その他	401,914	その他	519,574
	合　計	2,187,718	合　計	3,376,080	合　計	6,091,869

出所）FAO, *Yearbook of Fishery Statistics.*

表 4-4　養殖エビ生産量上位 20 位 (単位：トン)

	1985 年		2005 年	
1	中　　国	40,664	中　　国	1,024,949
2	エクアドル	30,205	ベトナム	327,200
3	フィリピン	29,933	タ　　イ	375,320
4	インドネシア	37,656	インドネシア	279,539
5	台　　湾	18,612	イ ン ド	143,170
6	イ ン ド	13,000	メキシコ	72,279
7	タ　　イ	15,840	エクアドル	56,300
8	バングラデシュ	11,282	フィリピン	39,909
9	ベトナム	8,000	ブラジル	63,134
10	パ ナ マ	2,557	バングラデシュ	63,052
11	ペ ル ー	1,468	ミャンマー	48,640
12	日　　本	2,151	マレーシア	33,364
13	ブラジル	350	コロンビア	18,040
14	グアテマラ	384	サウジアラビア	11,259
15	エルサルバドル	93	台　　湾	15,369
16	スリランカ	250	ペ ル ー	9,809
17	ホンジュラス	276	ベネズエラ	16,500
18	ニューカレドニア	87	イ ラ ン	8,930
19	ドミニカ	90	ベリーズ	10,433
20	アメリカ	118	ニカラグア	9,633
	そ の 他		そ の 他	
	合　　計	213,635	合　　計	2,675,336

出所）表 4-3 と同じ.

どのような種類のエビが養殖されているのか。これはデータではあまりはっきりしない。おおよそ分かる範囲を見てみると、中国の場合は、二〇〇〇年までは、養殖エビのほとんどすべてが大正エビ(コウライエビ、fleshy prawn)だった。それが二〇〇五年になると生産額のシェアはバナメイが七八%、ブラックタイガーが約八%へと大転換を遂げることになる。中国も今やバナメイなのである。

日本へのエビ輸出の多い東南アジアでは、養殖されるエビの種類にどのような変化が起きたのか。インドネシアは、一九八五年にはブラックタイガーが八五%、その傾向は二〇〇〇年頃まで続くが、二〇〇五年になると七八%がバナメイになる。タイは八五年にはほぼすべてがバナナ(テンジククルマエビ)、九〇年はほとんどすべてがブラックタイガー、九五年、二〇〇〇年もブラックタイガーだったが、二〇〇五年になると七五%がバナメイ、ブラックタイガーが二五%、ベトナムは八五年はほとんどブラックタイガー、九〇年は七五%がブラックタイガーで一九%がバナナとなっている。二〇〇五年にはブラックタイガーが五四%にまで下がり、バナメイが四〇%を超えている。フィリピンだけが二〇〇五年に依然としてブラックタイガーが九八%になっている。

中国でも東南アジアでも、二〇〇〇年以降、ほとんどの国でバナメイへの転換が顕著である。それ以前は、ブラックタイガーの勢いが強かったとはいえ、大正エビやバナナなど、それなりの分散傾向があった。だが、今やほとんどの国がブラックタイガーを経て、バナメイに転換という傾向をもっている。果たして一〇年後、二〇年後にはどうなるのであろうか。

3　アメリカに抜かれた日本

世界一のエビ輸入国

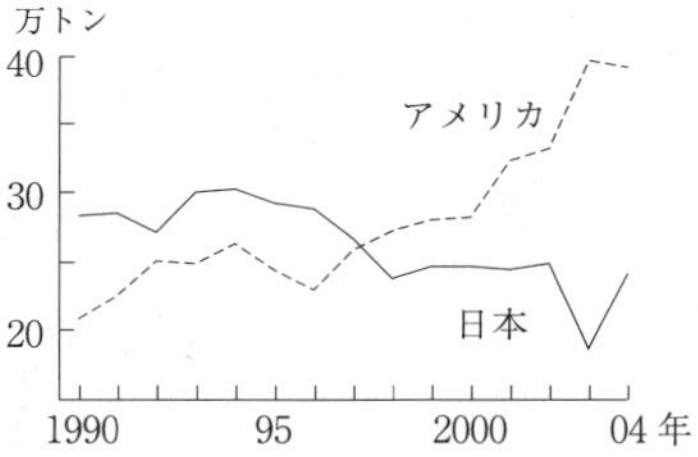

出所） FAO, *Yearbook of Fishery Statistics.*

図 4-2　日米エビ輸入量の推移

もう一つ気になる国がある。アメリカである。日本は世界一のエビ輸入国だ**っ**た。このことを自慢する必要はないだろうが、日本のエビ輸入世界一は一九七〇年代から二〇年以上も続いてきた。それが九七年、とうとうアメリカに追い抜かれたのである(図4-2)。ODAの供与額世界一の座をアメリカに奪われた時ほどは話題にならなかった。しかし世界一の水産国、世界一のエビ輸入国、世界一のマグロ消費国など、水産関係での地位の転落は、少なくとも水産関係者にとってはショックだったにちがいない。九七年と言えば、バブルもはじけ、もはや右肩上りの時代ではな

表4-5　世界のエビ輸入量上位10カ国

（単位：1,000トン，100万ドル）

1985年			2004年		
	量	金額		量	金額
日　　本	183	1,330	アメリカ	396	2,969
アメリカ	141	1,040	日　　本	242	2,015
デンマーク	39	90	スペイン	141	958
香　　港	28	131	デンマーク	96	201
フランス	27	111	フランス	85	578
イギリス	19	76	中　　国	55	237
シンガポール	17	38	ベルギー	49	356
イタリア	16	72	イタリア	49	340
マレーシア	14	7	オランダ	45	227
ノルウェー	14	14	マレーシア	44	162
先進工業国	498	2,987	米＋EU＋日	1,207	9,338
世界合計	557	3,183	世界合計	1,556	9,999

出所）FAO, *Yearbook of Fishery Statistics.*

いと皆が思うような時代であった。

アメリカの輸入量が日本を上回ったのは一九九八年、この年の輸入量が二七・二万トン、日本は二三・九万トン、〃バブル疲れ〃なのだろうか。日本は九四年の三〇・三万トンをピークに年々輸入量を減らし、最近では二四万トン台にまで減ってきている。一方、アメリカは二〇〇〇年代に入ってますます輸入量を増やし、二〇〇四年には四〇万トン近くになっている（表4－5）。一人当たり消費量（国内生産量＋輸入量から輸出量を差し引き、人口数で割った数値）も日本に近づきつつある（二〇〇四年日本が二・一キロだったのに対し、アメリカは一・九キロ）。今やアメリカはエビ多食国なのである。

ではアメリカはどこからエビを輸入しているのだろうか。きっと中南米が多いにちがいない、とわたしは思っていた。しかし意外や意外、アメリカのエビもアジア産が多いことが分かった。

アメリカ商務省統計によると、一九九五年地域別に見るとアジアから一三・五億ドルで、つぎの中南米六・一億ドルを倍以上も上回っている。総輸入額二四・六億ドルのうちアジアからが五四・八％を占める。南米は四・九億ドルである。多い国順に並べると、①タイ、②インド、③インドネシア、④メキシコ、⑤ホンジュラス、⑥エクアドル、⑦パナマ、⑧中国、⑨エルサルバドル、⑩ベトナムとなっている。これが二〇〇六年になると、輸入額自体が一〇年間で一・七倍に膨れ上がっている。そしてアジア寄りがさらにはっきりする。アジアからが三一・〇億ドルで、輸入額総計四一・二億ドルの七五％にもなるのだ。多い順に並べると、①タイ、②インドネシア、③ベトナム、④メキシコ、⑤中国、⑥インド、⑦バングラデシュ、⑧マレーシア、⑨ホンジュラス、⑩カナダとなっている。おそらくタイからはバナメイがほとんどであろう。かつて中南米のバナメイであったのが今やタイのバナメイになってしまった。ここでも、ベトナムと中国の台頭が目につく。アメリカ人の食べるエビは今や七五％がアジア産なのである。

アメリカがエビ多食国になった理由

なぜアメリカはエビ多食国になったのか。水産大手の日本水産（ニッスイ）の広報誌『ニッスイGlobal』第五三号（二〇〇六年三月）では、つぎのように説明している。

「エビは太古の昔から人類に愛されてきた水産物の一つで、北米でも魚よりはエビ、カニ類を好んで食べていたが、消費量は一〇年間で約二倍に膨らんだ。一方でエビの市販価格は十数年前に比べて半値になっており、「商品は値段を半分にすれば売れ行きは二倍に伸びる」という経済伝説を裏付けている。致死率の高い心臓病が国民病になっていることから、肉を減らし、シーフードを増やすヘルシー志向の流れも拍車をかけた」

エビ輸入国の輸入量の推移をたどってみると、ここにも中国の台頭が見てとれる。中国は一九八八年から九〇年までエビの最大の輸出国で、一〇万トン程度の輸出をしていた。しかし九〇年代になると次第に順位を下げ、二〇〇四年には九万トンほどの輸出で世界第六位にまで順位を下げる。一方、輸入は九〇年代初期まではごくわずかだったが、九四年に急に一・三六万トンを輸入、それ以降どんどん輸入が大きくなり、二〇〇〇年には五・三万トンを輸入、世界第六位の輸入国になる。二〇〇四年の輸入量は五・五万トン、輸出量は九万トン、輸出しながら輸入もするというやや不思議な現象である。中国の金持ち階級たちの特別な需要があるのだろうか。よく分からないところだ。

すでに見たように、世界におけるエビの生産量は、一九八五年の二一九万トンから、二〇〇五年には六〇九万トンへと二〇年で二・八倍に増えている。養殖エビが大きく増えたことがこの増加を物語っている(表4-3、一二八頁)。地域的に見ると二〇〇五年生産量では、中国が世界の四一%のエビを生産して、しかも二〇年ほどの間に六・八倍も生産量を拡大している。タイ、ベトナム、インドネシア、インドなどアジア諸国の伸びがいずれも著しい。この二〇年ほどの間にエビ輸入(消費)の世界で起きたことは、北米や中国、ヨーロッパでエビの消費量が伸びた一方、日本では一九九七年をピークに消費量が減少傾向にあり、輸入世界一がアメリカにとって代わられたということだ。もはや「日本人は世界一のエビ好き民族」と言えない状況になってきている。アメリカが輸入世界一になっただけでなく、中国、韓国、マレーシア、タイなどアジア新興工業国が台頭してきている。中国は輸入金額で第八位、マレーシア一二位、韓国一三位、タイ一八位となっている。エビは「経済成長商品」であると言えよう。『エビと日本人』で、わたしは「北は食べる人、南は獲る人」と言った。この構図は大きくは変わっていない。二〇〇四年の輸入金額データで見ると、アメリカ、日本、EUの世界輸入全体に占める割合は実に九三・四%にもなる。EUすべてが先進工業国でないにしても、二〇年経った現在も「北は食べる人」の構造は変わっていない。しかし、南は「獲る人」だけでなく、今や「養殖する人」にもなった。そして「南」であったアジアは経済成長のなかで「食べる人」に変身しつつある。にもかかわらず、エビ貿易の世界に「民主化」という言葉が当てはまるかどうか分からないが、「食べる・生産する」の南北分業から見る限り、エビ貿易の民主化はまだまだという現状がある。

4　家庭内エビ消費の激減

食べ方がプアな日本人

先のニッスイのエビ担当(水産事業部水産三課)高田俊道さんから日本人のエビ食について聞いた話が印象に残っている。

「家庭内でのエビの消費が激減しています。……日本人って結構エビを食べているんですが、その食べ方がプア(poor)なんですね。結局、家庭で食べるのはエビフライとエビのてんぷら、これがほとんどなんです。核家族化が進んで、子どもも一人かゼロという中で、油料理を奥さんがやらないんですね。油料理は、今、メタボだ何だって、ちょっとヘルシーな感じがしないのと、親父もいやがる。子どもはエビフライが好きなんですが、子どもは一人かゼロかでしょ。油を使っても、その油をどこに捨てるかという問題もあるし。ともかく家庭内での油料理がものすごく減ってる。当社も冷凍食品はイカのてんぷらとかエビフライなんか、昔は家で調理してくださいよと言ってきましたが今は売れません。調理済みのものを、電子レンジでチンになってしまってます。何でアメリカが伸びてるのかと言えば、エビの食べ方が日本よりもっと豊かだからでしょう。蒸して殻むいてむしゃむしゃ食べるとか、フライパンでバターとガーリックを使って炒める、エスニック調にして辛くするとか、いろいろあります。家庭内のフライパン料理がアメリカ、ヨーロッパは多いんですね。日本はエビ料理というとあくまでもフライか天ぷら、これしかないんです。あとはせいぜいチャーハンとか野菜炒めに入れるくらいでしょ。いまエビの家庭内消費量は全体の四割くらいで激減です。日本のエビの将来は残念ながら明るくありません。値段で売れるかどうかになっています。味は関係ないんですね。美味しいかどうか、あまり区別がつかなくなっています。エビに限らず日本の食文化って残念ながらプアになってきてますね」

先述したニッスイの『ニッスイ Global』にも北米のエビ料理の紹介がある。

「北米で最も好まれるエビ料理はパン粉をつけない唐揚げ風のフライ。エビをチョウチョウのような形に開いてニンニクなどと一緒にさっと炒めるケイジャン料理も人気があります。ボイルしてケチャップ味のソースをつけて食べる冷製のカクテル・シュリンプも大好

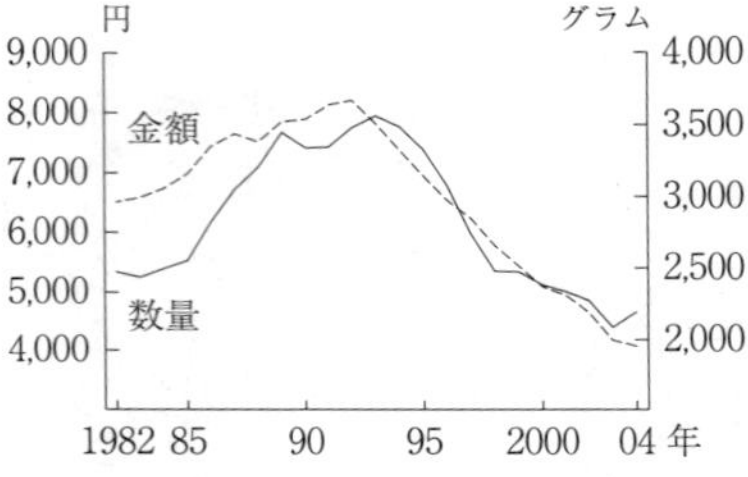

出所）総務省『家計調査年報』.

図 4-3　エビの 1 世帯当たり年間の品目別支出，購入数量および平均価格（全世帯・勤労者世帯）

物。また、むきエビのフリッターはスナック感覚で食べられるので、ポップコーン・シュリンプの呼び名で人気メニューとなっています。エビの種類は養殖の〝ブラックタイガー〟が主流。大きくて、美味で歯ごたえがあり、ボイルをすると鮮やかな赤色になります。これまた日本でのエビの復権も大きな課題といえます。ニッスイは日本の消費量の減少について、「台所から油調理（油ちょう）が減少したのが最大の原因」と分析。油物は太るという先入観に加え、手間のかかる料理への苦手意識や、油物の食器洗いは面倒と敬遠する思いが背景にあるのです。エビの価格が下がった分、食する機会は増やせるはずです。北米のように手軽なフライパン料理にソースを付ける食べ方の勧めと、外食産業で始まっているエビカツのブームも期待されるところです。「今は食品の安全が厳しく問われる時代です。この流れをフォローに、日本でも安全・安心なエビで作る美味しい料理法を広め、消費量をアップさせたい」とニッスイは考えます」

高田さんが「激減」と言われたのでデータを当たってみた。その通りだった。エビ(ロブスターを含む)の家庭内消費のピークは一九九二年で年間八二〇四円、三三四〇グラムだった。しかしこれ以降まさに激減している。二〇〇四年にはピーク時九二年の半分にまで減ってしまったのである。今、日本の家庭一軒当たりのエビ消費額は、一カ月にすると三四一円、一八三グラムでしかない。一世帯人員が二・六三人だったから一人約七〇グラムのエビを家庭内で食べていることになる(図4-3)。大きなエビだと三尾くらいでしかない。ニッスイの高田さんが嘆くのもわかる。

エビの「凋落」はつぎのようなアンケート結果にも見ることができる。

(1)主に利用する魚(複数回答)

①さけ、②あじ、③さんま、④さば、⑤たら、⑥かれい、⑦ぶり、⑧まぐろ、⑨いわし、⑩かじきまぐろ、⑪銀だら、⑫しらす、⑬白身魚、⑭ほっけ、⑮むつ、⑯たい、⑰えび、⑱ちりめんじゃこ、⑲ししゃも、⑳いか

(2)子どもがよく食べる魚介類(複数回答)

①しらす・じゃこ　七三・五%、②白身魚　六六・七%、③さけ　六五・六%、④青身魚　六〇・一%、⑤海藻類　五七・八%、⑥あさり・しじみ　四八・八%、⑦まぐろ　四一・五%、⑧えび　四一・四%、⑨白身魚のすり身　三四・六%、⑩たらこ　二九・六%、⑪いか・たこ　二四・

二%、⑫かき　五・三%

(3)魚介を使った料理で、子どもはどのような料理を食べるか(複数回答)

①焼き魚　七二・五%、②和風の煮魚・煮込み　六一・三%、③魚介を使ったごはんもの　四一・三%、④魚介のグラタン・スパゲティ　三四・五%、⑤魚介のスープ・シチュー　三一%、⑥かば焼き　二八%、⑦刺身　二七・五%

(4)親が好きな魚料理によく使う魚(複数回答、件)

さけ　二二四、あじ　二一九、さば　二〇一、さんま　一九五、かれい　一三一、ぶり　一二四、まぐろ　一一三、たら　一〇二、いわし　九六、かじきまぐろ　五一

(以上(1)～(4)は、大日本水産会「水産物を中心とした消費に関する調査」一九九九年一〇～一二月、東京、神奈川、千葉、埼玉の乳幼児保護者三〇二五人対象、有効回答一〇四二人)

(5)よく食べる魚の食べ方

エビ：天ぷら・フライ　八〇・四%、炒め物　五七・六%　刺身　一三・七%

(6)普段、どのように魚を食べるか(複数回答)

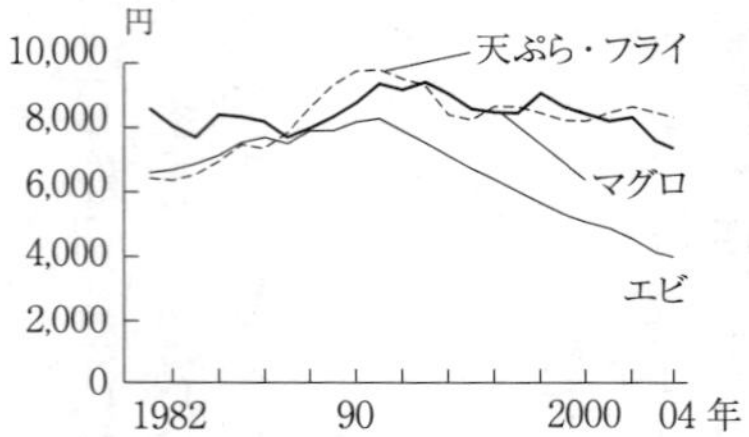

出所）総務省『家計調査年報』.

図 4-4　家計消費支出(1 年間)

①焼魚　九五・三％、②開きや干物の焼魚　八六・二％、③魚肉練製品　八四・三％、④お刺身　八二・六％、⑤天ぷら・フライ・唐揚げなど　七四・七％、⑥煮魚　七三・八％

(5)、(6)は、サランラップおいしさ保存研究所「復権！　お魚民族」一九九八年六〜七月調査、おいしさ保存研究所モニター四七〇人対象)

エビへの家計消費支出は確かに激減した。天ぷら・フライへの支出は減ってはいるが、エビほどではない。マグロもエビと似たような傾向がある(図4-4)。また魚介類全体で見てもやはり漸減傾向にある。魚介類への家計支出は一九九二年がピークで一四万三四五五円、これが二〇〇四年には九万四八〇九円へと三四％も減っている。これに対して、調理済み食品は八二年以降ずっと伸び続け、二〇〇四年には一〇万一四円にまでなっている。これは魚介類を上回る数字である。さらに外食費を見ると八二年の一三万四二〇八円が、二〇〇四年には一六万五一五三円にまでなっている。夫婦がいつも仲良く、子ども抜きで外食している世帯だとしたら、一カ月の外食費はおよそ一万四〇〇〇円ほどである。年収を多い順に五分類した最上流(八九〇万円以上)の世帯での外食費は一カ月当たり二万一四三二円となっている。これが優雅かどうかは判断できない。いずれにしても、家庭内エビ消費はこの一〇年ほど激減傾向にあり、それを補うのが調理済み食品(天ぷらやフライ)、そして外食である。家庭での調理の簡便化あるいは

表4-6　世帯当たり年間の品目別支出金額，購入数量

（単位：円，グラム）

年間収入五分位階級	エビ		マグロ		イワシ	
	金額	数量	金額	数量	金額	数量
1985年　全　世　帯	2,015	765	2,254	909	323	702
Ⅰ　～3,140,000	1,548	623	1,917	841	357	827
Ⅱ　3,140,000～4,340,000	1,760	687	1,924	829	294	628
Ⅲ　4,340,000～5,590,000	1,900	738	2,089	866	287	621
Ⅳ　5,590,000～7,540,000	2,153	821	2,320	931	321	723
Ⅴ　7,540,000～	2,577	916	2,904	1,054	353	730
2004年　全　世　帯	4,092	2,194	7,348	3,228	836	1,012
Ⅰ　～3,590,000	3,290	1,845	6,982	3,253	916	1,152
Ⅱ　3,590,000～4,910,000	3,543	1,907	6,358	2,760	866	1,097
Ⅲ　4,910,000～6,500,000	3,711	2,093	6,241	2,850	725	903
Ⅳ　6,500,000～8,900,000	4,595	2,396	7,568	3,281	773	847
Ⅴ　8,900,000～	5,320	2,738	9,590	3,989	899	1,061

出所）　総務省『家計調査年報』1995年，2006年．

は「手抜き」がエビを避ける理由になっているように思える。高田さんが言う「エビ食プア」とはこのあたりに原因があるのだろう。

消費額の絶対格差

エビは「高嶺の花」だと八八年の『エビと日本人』で、わたしは書いた。エビと収入の関連について書いた部分を引用してみる。

「エビは、どちらかというと管理職など「金持ち」がたくさん食べ、貧乏人はイカをたくさん食べるという。国民生活センター『勤労者世帯の夕食実態』（八三年三月）によれば、一〇日間の夕食のうち、

エビを食べた世帯は管理職で五〇%、事務・技術職・現業職で四〇%、一方、イカは管理職が四〇%であるのに対し、事務・技術職が六〇%、現業職が五〇%になるという。これは、職種というより所得差によるものだろう。

エビ、イカ、マグロ、イワシ、バナナの五商品の家計消費を収入階級でみると、収入が高額になるほど消費が多くなる典型が、エビである。……エビとバナナは所得階級別にみると、ちょうど逆パターンになるのである。バナナこそまさに大衆の果物、エビはいまだにやはり「高級食」といえるだろう」

（『エビと日本人』一六六、一六七頁）

しかし、エビは次第に大衆化し、今や「高級食」や「高嶺の花」と言えなくなったのではないかとわたしは思っていた。しかし総務省の『家計調査年報』を見ると、どうもそうとも言えるような、言えないような、微妙な変化がある。表4-6は一九八五年と二〇〇四年の、世帯当たりの年間消費金額と消費量とを、エビ、マグロ、イワシについて五階級に分類された収入の多寡で見たものである。収入と消費をのぞくのはあまり趣味がいいとは言えないが、こんなデータも政府は出しているのである。

エビの一九八五年と二〇〇四年データを比べてみると、全世帯平均で、数量は三倍近くもエビを食べるようになっていることが分かる。収入階級で見ても、特に突出して増えている階級はない。支出金額は大体二倍程度の増え方である。皆がたくさんエビを食べられるようになった。メデタシ、終わり、でいいのかもしれない。だが、最高収入層の年収八九〇万円以上の世帯は年に五三〇〇円、二・七キロのエビを家庭で食べている。最低収入層三五九万円以下の世帯では三三〇〇円、一・八キロを食べている。八五年当時の差は九一六グラム対六二三グラム、差が三〇〇グラムから一キロほどに広がったことになる。収入が増えればエビの消費はまだ増える可能性をここには見てとることができる。イワシは大衆魚で、収入が上がれば消費が小さくなる商品、と言われている。しかし、最高収入層のイワシ消費が大きくなるという傾向は八五年も二〇〇四年も変わらない。年配高所得者はイワシへのノスタルジーとヘルシー志向があるのだろう。マグロも似ている。中間収入層の人びとの消費が小さく、低収入、高収入層の消費が大きい。前著でも指摘したが、赤みの安いマグロを大衆が消費し、高級トロは高収入層が消費する、このようなパターンがあるようだ。高収入層のマグロ消費金額はエビをはるかに追い抜き年約一万円、四キロになる。低収入層より二七〇〇円ほど余計にマグロを食べている。高収入世帯はマグロが大好き、という傾向がある。

格差社会を消費で見ると、このような消費額の絶対格差の広がりということが見てとれるのではないだろうか。

5　エビフライ工場ではパンも焼いていた

東ジャワのエビフライ工場にて

ニッスイのエビ担当者が、エビの家庭内消費額が激減した(一〇年で半分近くに減っている)と嘆いていた。実は、フライと天ぷらの消費額も減ってきてはいるがエビほどではない。金額で言えばフライや天ぷらに費やすカネはエビの倍ほど(年八二六四円、二〇〇四年)になっている。わたしはエビの輸入量の減少は、エビ加工品(エビフライ、エビ天ぷら、エビピラフなど)でカバーされているのではないかとの仮説をたてた。

エビフライの工場はまだ見たことがなかった。そこで、二〇〇七年五月、急遽インドネシア・東ジャワにある二つのエビフライ工場を見学させてもらうことになった。第1章で述べた熱泥の噴出するシドアルジョにその工場はあった。

一つは神戸に本社がある会社で、シドアルジョの工場ではエビフライと天ぷらをつくっている。きわめて清潔な工場である。若い女性が白い制服と帽子、マスクをつけ、青いゴム手袋をはめ、長靴を履いて一心不乱に働いている。ここで使われるエビはシドアルジョの粗放養殖池で育ったブラックタイガー。頭と胴のあいだの腐敗がいちばん早いので、工場に来るエビはすでに無頭になっている。作業工程によって生産ラインがいくつかに分かれている。全員、立ったままの作業である。水洗する、計量する、殻を剝く、背ワタを取る、カッターを使って切れ目を入れエビを伸ばす、などの作業工程がある。すべてが人の手でなされている。その後、エビフライラインと天ぷらラインに分かれ、フライと天ぷらに加工する。フライはここでは揚げず、生のまま冷凍にしてパックされ輸出される。天ぷらはエビ天だけでなく、野菜(ナス、インゲン、カボチャ)、イカの天ぷらも揚げる。そしてエビ天と混ぜ、ミックスの天ぷらとしてセットにして輸出される。日本のスーパーやコンビニではたいそう売れる商品だそうだ。

こんなにたくさんの天ぷらを揚げるのを見たのは初めてのことだ。大豆油が揚げ油で、生卵を使った練り粉がラインの上から自動的に垂れてくるようになっている。そして高温の油がセットされた大きなステンレスの容器に天ぷら素材が入れられ、揚げ終わると自動的に引き出される。

驚いたことにエビフライのためのパン工場も持っている。毎日一トンのパンを焼くそうだ。工場のラインを見下ろすことのできる二階の会議室で、ここでつくられたエビフライと天ぷらをいただいた。揚げたてのエビフライはとても美味だった。創業社長は母親の調理の手間を見ながら、何とか調理の簡便化をせねばと思い、フライと天ぷらの工場を立ち上げたという。そしてこの会社のエビをEOシュリンプ(エコロジー、オーガニック)と呼ぶほどに環境と両立する

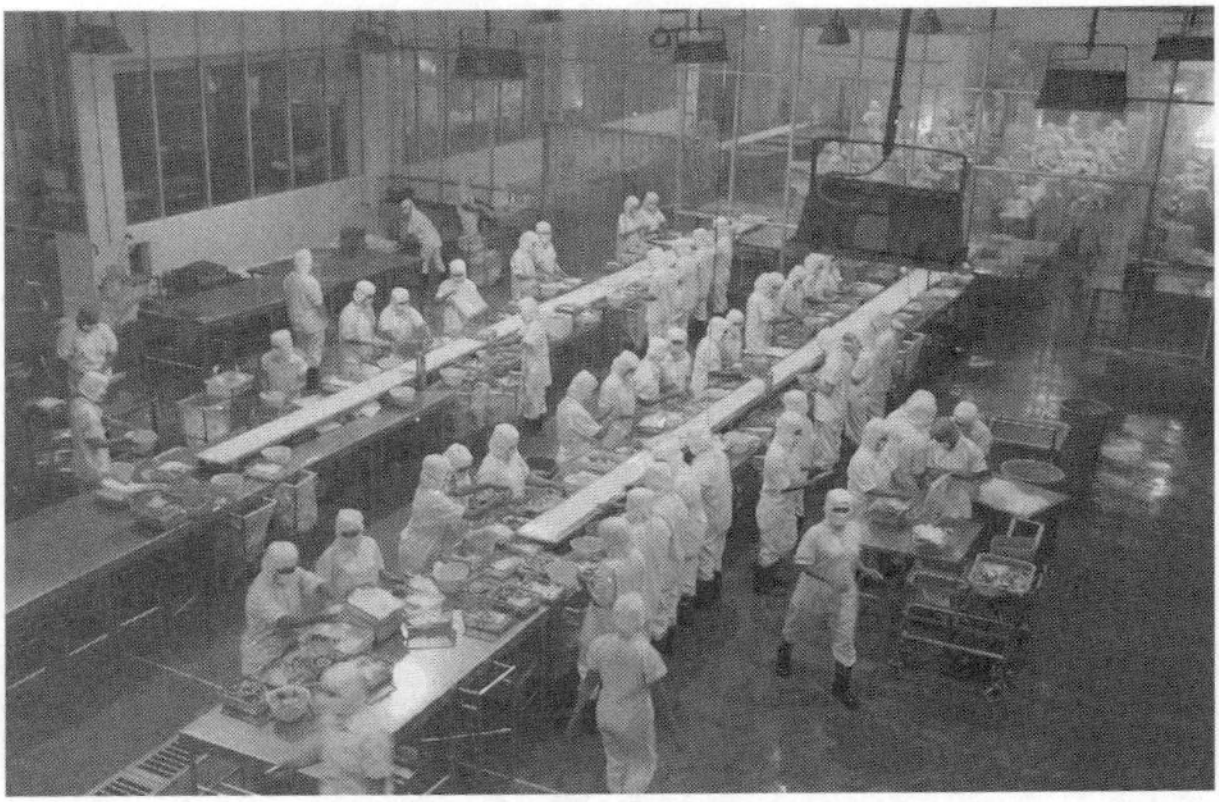

東ジャワの日系エビ加工工場

エビを選択している。

　この工場を見たあと、この会社が所有する、東ジャワの東端にあるシトゥボンドにあるハッチェリーも見せていただいた。ブラックタイガーの親エビは地場の海で獲れたものを使い、ハッチェリーでは一切薬品を使わないという。ここで育った稚エビが、シドアルジョの養殖池に行き、それが粗放池で育ってフライや天ぷらになる。このようにエコロジー的にエビを選別化することが進みつつある、という印象を受けた。

　もう一つの工場は日本では名の知れた食品会社である。ここではエビフライだけを製造していた。

　工程自体は同じようなものだ。前の工場に比べると少し雑然とした感じである。しかし、この工場はかなり正直だという印象がある。ここでも、シドアルジョ周辺の粗放養殖池のブラックタイガ

表 4-7　加工済みエビ食品の輸入(2006 年)

(単位：トン，100 万円)

	ボイルエビ	くん製	ピラフ	フライ
輸入量	18,269	414	204	50,016
輸入額	22,766	574	126	37,974
合　計	41,035	988	330	87,990
主　要 相手国	タイ, ベトナム, 中国, インドネシア	中国, 台湾, タイ	ベトナム, タイ, 中国	タイ, 中国, インドネシア, インド

出所)　財務省『貿易統計月表』.

ーをフライにしている。パン粉も自家製のパン工場で作っている。エコとか有機エビと名乗ることはない。工場長(日本人)は、そこまで大胆には言えませんという。だから正直との印象を持ったのである。工場長は「ナチュラルという言葉は使っています。インドネシア産とも表示されていますが、ほとんどはレストランや給食など業務用です」と言っていた。

加工食品もアジアに委ねている日本

日本に帰って、スーパーでここの会社のエビフライを買い、油で揚げて食べてみた。エビフライ六尾(サイズは一六／二〇くらい)*で四〇〇円ほどだから安くはないが高くもない。味はまあまあ、と言えるものだった。同じ会社の別のエビフライは尻尾のないただの細長エビフライで、揚げてあるエビフライ。だから「チン」で済ませることができる。六尾二〇〇円。こちらはあまりいただけるものではなかった。エビが細すぎる。しかもやたらと粉が多い。おそらく集約養殖のバナメイで、サイズは五一／六〇くらいの小さなエビだ。

日本にはどれくらい加工されたエビが輸入されているのか。正確なところはわからない。というのは、エビの加工食品として統計上分類されているのはボイル、くん製（水もしくは塩水で煮た後で塩蔵・塩水漬けもしくは乾燥したものを含む）、ピラフ（コメを含む）、フライ用（調製しまたは保存に適する処理をしたもの、その他のもの）しかない。そのなかにエビがどれくらい入っているのかは正確には分からないからだ。年によって変動はあるが、このエビ加工品の輸入はだいた

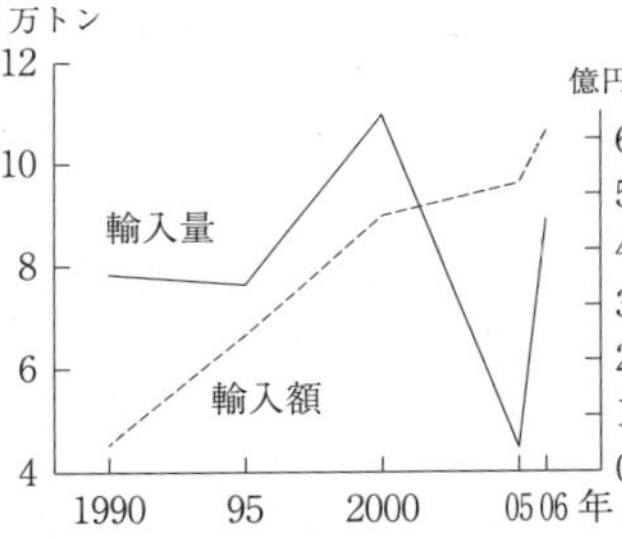

出所） 財務省『貿易統計月表』.

図 4-5　加工エビの輸入

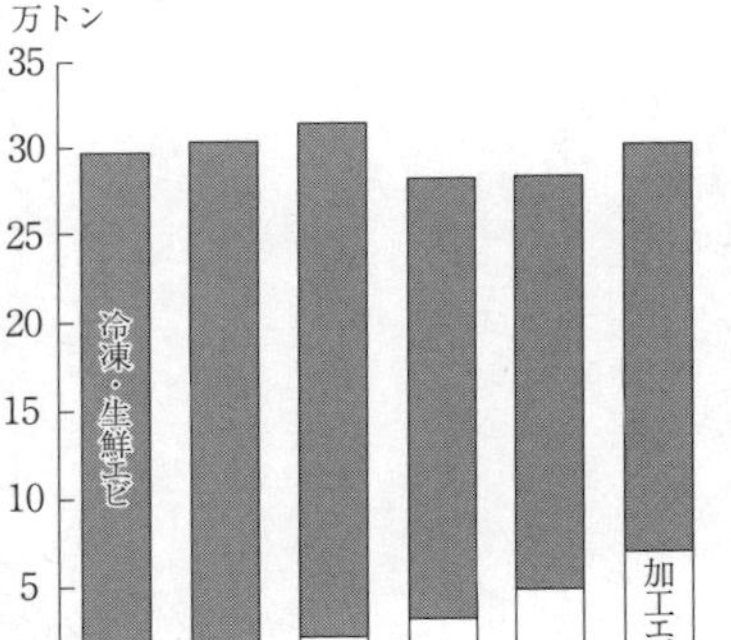

出所） 図 4-5 と同じ.

図 4-6　加工エビと冷凍エビの輸入

い年に七、八万トンから一〇万トンほどになる。かなりの量である。二〇〇六年にいちばん輸入量が多かったのはフライで五万トン、三八〇億円、輸入相手国はタイ、中国、インドネシア、インドなど。つぎに多いのがボイルエビ、相手国はタイ、ベトナム、中国、インドネシアなどである。中国、東南アジア、インドは、今や単なるエビの輸出国であるだけでなく、エビ加工品の生産国であり輸出国になっている。日本の台所は原材料だけでなく、加工品もアジアに委ねつつあるのだ(図4-5、表4-7)。

図4-6で見るとわかりやすい。冷凍・生鮮エビの輸入は年々落ち込んできている。しかし加工エビを入れると、およそ三〇万トンの水準を維持しているといえる。もちろん、エビ加工品の主流はフライであるから、パン粉の重さを差し引かなければならない。それにしても実はエビ需要は数字ほどには落ち込んでいないのかもしれない。ただエビ食に工夫がなく、将来大きな伸びの展望が開けないのも事実だろう。

＊エビは国際商品だから、エビの商品サイズは国際規格が適用される。消費者にとっては、あまり関係ないが簡単に紹介しておく。まずクルマエビ類は、すべて一ポンド(lb)当たりの尾数で単位が表示される。一ポンド(約四五三・六グラム)に何尾入るかで、そのサイズが表示される。たとえば無頭で一六／二〇という規格は、一ポンド当たり、一六〜二〇尾のサイズ、したがって一尾当たりの重さは二九〜二二グラムとなる。日本人は無頭で三〇〜三五グラムのエビを好むと言われる。その

サイズは一一／一五ということになる。規格の数が大きいほど、エビの重さが軽くなるわけである。実際に冷凍用の缶に入れられ、化粧箱に詰める段には、一ポンドで詰められるのではなく、四ポンド(約一・八キロ)にするとか(ポンド建て)、二キロにする(キロ建て)という方法がとられる。日本へ輸出される東南アジア産のものは、二キロ・パックが多い。むきエビについては別規格がある。

6　失われた一〇年？　過消費の一〇年？

エビはどこから来ているか

わたしたちの食べるエビはどこから来ているのだろうか。スーパーで並べられているエビには原産国が表示されているものもあれば、そうでないものもある(第2章)。二〇〇六年、日本にエビを輸出した国は四五カ国、日本の総輸入量は二三・二万トン。内訳は、ベトナム五・二万トン、インドネシア四・四万トン、インド二・九万トン、中国二・四万トン、タイ二・〇万トン、この上位五カ国で七二・八％になる(表4-8)。わたしたちの日常食べるエビの大半はアジア産で、この二〇年ほどの流れで見ると、クルマエビ科のエビのほとんどは、ベトナム、インドネシア、インド、タイ、中国、フィリピン、ビルマ(ミャンマー)などアジアの国々から来ていると考えて間違いはない。アマエビ(ホッコクアカエビ)だけが例外で、グリーンランド(デンマー

表 4-8　日本のエビ輸入量(冷凍・生鮮合計)　(単位：トン)

1991 年		1994 年		1997 年	
インドネシア	53,875	インドネシア	63,673	インド	59,112
タイ	47,223	タイ	49,348	インドネシア	57,351
インド	35,866	インド	44,121	ベトナム	32,003
中国	35,434	ベトナム	33,299	タイ	24,078
フィリピン	22,401	中国	21,094	中国	15,916
ベトナム	18,657	フィリピン	17,604	グリーンランド(デンマーク)	9,531
グリーンランド(デンマーク)	13,857	グリーンランド(デンマーク)	16,215	カナダ	9,117
台湾	12,878	カナダ	8,388	フィリピン	7,200
オーストラリア	8,085	オーストラリア	6,211	オーストラリア	6,914
デンマーク	4,044	アイスランド	4,640	バングラデシュ	5,495
総量	290,335	総量	305,381	総量	269,855
供給国数	55	供給国数	52	供給国数	59
2000 年		**2003 年**		**2006 年**	
インド	50,005	インドネシア	52,368	ベトナム	51,627
インドネシア	49,800	ベトナム	48,258	インドネシア	43,665
ベトナム	33,898	インド	28,191	インド	28,546
タイ	18,697	中国	21,708	中国	24,167
中国	18,124	タイ	16,813	タイ	20,107
グリーンランド(デンマーク)	9,845	グリーンランド(デンマーク)	9,180	ロシア	9,518
カナダ	9,226	カナダ	8,938	ミャンマー	8,847
フィリピン	8,530	ロシア	8,641	カナダ	8,665
ロシア	8,008	フィリピン	6,520	グリーンランド(デンマーク)	6,788
オーストラリア	5,461	ミャンマー	53,767	フィリピン	5,450
総量	249,967	総量	235,492	総量	232,176
供給国数	52	供給国数	54	供給国数	45

出所)　財務省『貿易統計月表』.

ク)が主な産地である。アジア産クルマエビ科のエビはバナメイ、ブラックタイガー、ホワイトが主な種類である。ムキエビは二〇〇六年には約七万トンくらい(全輸入量の約三〇%)輸入されている。最近輸入エビで目立つのはベトナムである。二〇年前の一九八七年、ベトナムの対日輸出量は一・二万トンに過ぎなかった。この年の対日最大輸出量を記録したのは台湾で四・九万トンに達した。ウイルス蔓延の直前の年である。

エビをどのくらい食べているか

さて、わたしたちがどのくらいのエビを食べているのかを見ることにする。これはあくまでも平均値で、これ以上の人もいるし、エビは嫌いでほとんど食べない人もいるだろう。エビ食の多寡はこの狭い日本でも地域差がある。よく西高東低と言われる。関西のほうがエビはよく食べられているというのだ。

実態を示すデータは乏しいが、『家計調査年報』に都道府県庁所在地等でのエビ消費データがある。それによると、二〇〇六年消費の多かった県庁所在地等ベスト10は富山、福岡、徳島、松山、津、金沢、和歌山、鳥取、北九州、佐賀の順になっている。確かに西高の傾向がある。それよりも日本海側が優勢ともいえる。エビの産地がすぐそばなのかもしれない。これらの都市の世帯ではだいたい二・五キロ以上のエビを食べている。ワースト(と言っては悪いが)5は下

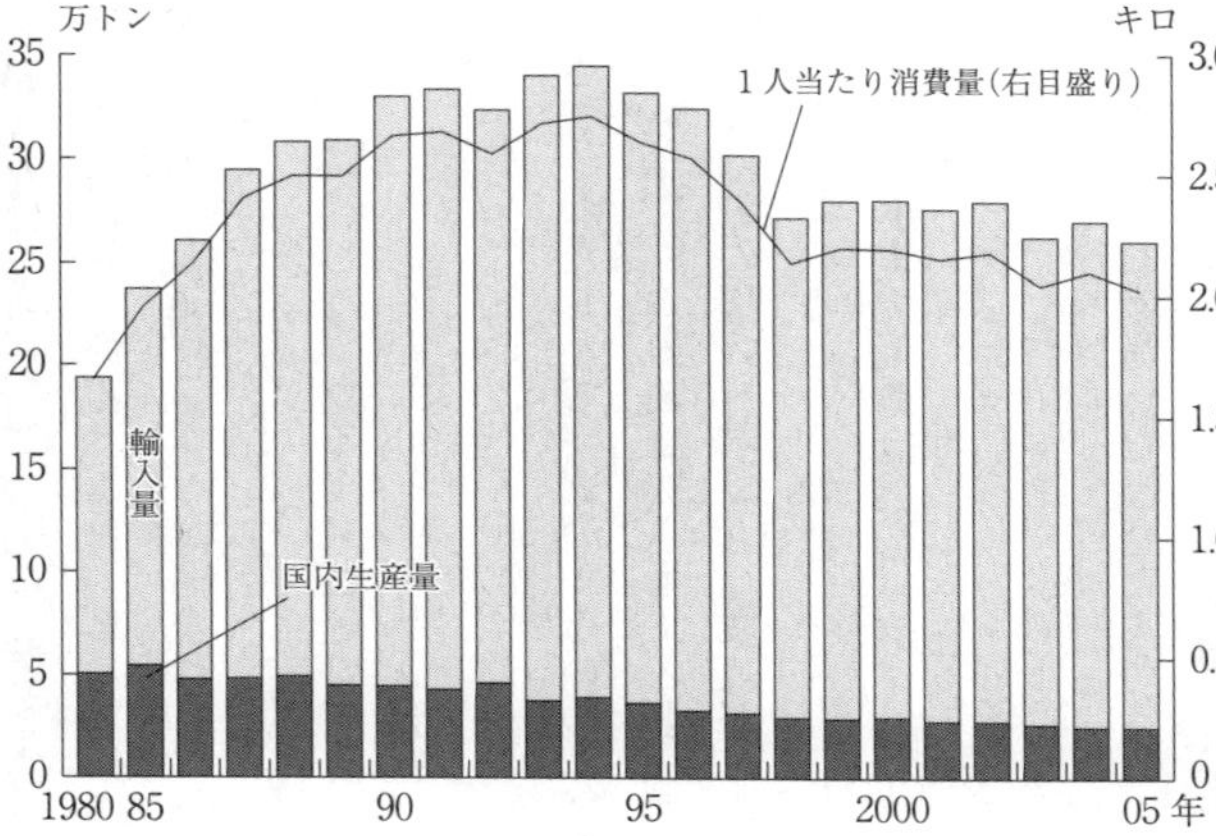

出所）財務省『貿易統計月表』などから作成.

図 4-7　エビ消費量

から、前橋、那覇、長野、山形、福島となっている。那覇以外は海から離れている。ちなみに前橋の年間消費量は一一三一グラムで、富山の二八八七グラムの半分以下である。

エビをどれだけ食べているかは、この世界にあって、さほど重要なことではないかもしれない。しかし、事の成り行きからどうしても算定しておかなければ、仕事が終わった気にならない。『エビと日本人』で「八六年の一人当り消費量は、有頭エビの重さで計算するとほぼ三キロ、無頭では二キロとなる。無頭で一尾三〇グラムのエビというと、かなり大型のエビであるが、この大型エビを、私たち日本人は年に平均して七〇尾近く食べていることになる」との算定をし、そこから日本人は世界一のエビ多食民であると結論づけたのである。

輸入エビをほぼ無頭エビとし、有頭にすると約一・五倍の重さになるとして計算した。これはもちろん意味のある計算方法だが、今回は、もう少し単純に、「輸入重量−輸出重量＋国内生産量」を人口数で除すという方法を用いる。

この計算方法によると二〇〇五年の、日本国居住者の一人当たりエビ消費量は二〇二五グラム、大型の三〇グラムのエビだとすると六八尾を食べていたことになる。何のことはない、二〇年前とほとんど同じ水準である。これは二〇年前から変わらないのではなく、二〇年前は右肩上り、エビは破竹の勢いで消費拡大基調にあった。日本全体がバブル経済に踊っていた時代である。そんなことがいつまでも続くわけはない。ましてや食べものである。輸入・消費は一九九四年がピーク、輸入は三〇・五万トン、消費は二七四五グラム、食べに食べたり一人大型エビ九〇尾である（図4-7）。

バブル景気が崩壊した後の一九九一年頃から二〇〇〇年代初頭までの一〇年余りの期間を「失われた一〇年」と呼んでいる。エビについては、八七年から九七年までがバブルの過剰消費の時代であった。九八年にやっと八六年の水準に戻った。それ以降、今日までもはや右肩上りはない。低迷というか安定というかは別にして、こちらのほうをノーマルと言ったほうがいいのかもしれない。加工エビの輸入量が増えてきているとはいえ、八七〜九七年まではやはりエビ消費バブルの時代だったと位置づけることができる。円高・ドル安で「何でも買える」、エンパイア・ステートビルでも、生鮮マグロでも、エビでも、強い円を持って買いあさった時代だったのである。

7　世界一のエビ消費国は?

エビ消費量の国際比較

エビをたくさん食べている国とそうでもない国を比較して何になる? と言ってしまえばおしまいだろうが、これも行きがかり上やらざるを得ない。

［国内生産量＋(輸入量－輸出量)］を人口数で除した数値を個人消費量とする。FAOのエビ・データをこれで並べてみると意外な数字が出てくる(表4-9)。

二〇〇五年の第一位はエストニアで消費量何と八五四八グラム、眉に唾をつけたくなるような消費量である。エストニアはフィンランド湾、バルト海に面した国でおそらくアマエビが大量捕獲されているにちがいない。だがそれにしても多すぎる。二位ノルウェーもアマエビの国なのであろう。三位のベリーズは中米カリブ海に面したエビ産出国、以下、香港、ガイアナ、シンガポールなどはいずれもエビ産出国か、小さな都市国家で、実はこの統計をそのまま適用

表4-9　エビの1人当たり消費量上位20カ国

（単位：グラム）

1985年		1995年		2005年	
ノルウェー	17,269	ガイアナ	12,159	エストニア	8,548
マカオ	8,531	ノルウェー	9,720	ノルウェー	7,242
香港	7,675	香港	6,335	ベリーズ	6,828
マレーシア	5,091	仏領ギアナ	6,328	香港	4,729
パナマ	4,292	デンマーク	6,139	ガイアナ	4,535
台湾	3,774	マレーシア	5,169	シンガポール	4,478
ブルネイ	3,693	台湾	2,881	ベトナム	3,696
シンガポール	3,514	タイ	2,868	マカオ	3,661
バーレーン	3,431	日本	2,788	スペイン	3,561
デンマーク	3,068	ブルネイ	2,383	ニューカレドニア	3,387
日本	1,978	スペイン	2,363	スウェーデン	2,992
タイ	1,788	パナマ	2,305	カナダ	2,976
コスタリカ	1,780	エクアドル	2,242	タイ	2,897
スウェーデン	1,765	バーレーン	2,165	日本	2,505
エクアドル	1,765	カナダ	2,120	マレーシア	2,208
ガイアナ	1,616	スウェーデン	2,033	アメリカ	2,200

出所）FAO, *Yearbook of Fishery Statistics.* ただし台湾は別統計による．

し、ほかの国と比較してよいかどうか、ためらわざるを得ない国（ないし地域）である。

まともに（というと今までの国に悪いが）ほかの国と比較できそうなのは、消費の多い順に並べると、①ノルウェー、②ベトナム、③スペイン、④スウェーデン、⑤カナダ、⑥タイ、⑦日本、⑧マレーシア、⑨アメリカということになる。以前、日本は世界一のエビ消費国と位置づけたことがある。おそらく人口三〇〇〇万人以上の国に限定した場合にはこれは正しい。しかし二〇〇五年にはこれも正しくない。ベトナム、スペイン、タイは人口三〇〇〇万人以上で、明らかに日本より一人当たり消費が多い。それでも日本はアメリカよりは消費が多いので、安心できる人がいるかもしれない。

第5章
食のグローバル化とフェアトレード
―飽食しつつ憂える時代に―

エビを干す（カンボジア・トンレーサープ湖）

二〇年ほど前、わたしは「日本人は輸入エビを少し食べすぎではないか」と書いた。いまそのことをまた考えてみたい。日本の食料自給率はますます低下し、四〇％を下回った。エビは一〇％以下である。環境面でも、労働の現場から考えても、食の安全性から見ても、やはりエビは輸入に頼り過ぎているのではないか。エビ問題の将来を展望するため、自然循環型の東ジャワ・シドアルジョの養殖池を起点に、ここではフェアトレードの可能性を考えてみたい。

1　食料自給率は三九％

自給率と産業構造

二〇〇七年になって食料に関しての二つのニュースが話題になった。一つは中国の食品の安全性の問題で、アメリカで中国製ペットフードを食べて犬や猫が死んだという話、あるいは中国産のウナギから使用禁止の抗菌剤が検出されたという話である。日本でも中国産の食品の安全性には高い関心が寄せられている。もう一つは、食料自給率の話である。八月一〇日に農林水産省が発表したデータによると、日本の二〇〇六年度の食料自給率が四〇％を割って三九％になったというのだ(カロリーベース)。自給率は長期低落化の傾向にあったが、一九九三年にコメの大凶作で自給率が四〇％を切ったことがある以外、四〇％を下回ったことはなかった。

どちらの問題もエビと無関係ではない。エビは水産物としては最も早い一九六一年に輸入の自由化をしている。バナナ自由化の二年前のことである。それ以降、輸入がどんどん増える。一方、国内エビ漁獲量はずっと低下し続ける。二〇〇五年、冷凍・生鮮エビ輸入量は二三・五万トン、国内エビ漁獲量は二・五万トン、輸出量は八六七トン、国内消費量は二五・九万トン、国内自給率はわずか九・七％でしかない。輸入がないとしたら日本人は年一人当たり一九四グラムのエビしか食べられないことになる。今食べている量の一〇分の一くらいだ。自給率を高めるためには、輸入エビの量を減らすか、国内でもっとエビを獲るしか方法はない。一九六〇年代にエビの国内漁獲量は七〜八万トンほどあった。その水準に戻ることはないだろうが、努力すれば輸入しないでも六〇〇グラムくらいは国産でまかなえるかもしれない。だがそれほどたやすいことではない。生産構造が大きく変わってしまっているからだ。エビを獲る漁民自体が大きく減ってしまっている。農林水産の一次産業すべてが衰退産業になっている。問題はこの国の産業構造のあり方にかかわってくる。

毎日食べるコメの輸入も少しずつ増えつつあるとはいえ、関税率をゼロにする完全自由化は簡単なことではない。一九九三年は、コメが大凶作だった。夏に冷害が日本列島を襲い、秋には台風がたくさん襲来した。その結果の大凶作である。日本は、コメの輸入をしない政策をとってきたが、あまりの大凶作のため、コメを外国から緊急輸入せざるを得なくなった。およそ二五〇万トンのコメをアメリカ、中国、タイなどの国から輸入することになった。日本のコメ生産の一〇%以上が輸入されることになったのである。

グローバル化の流れ

世界では、今、グローバル化の名のもとに、あらゆるモノ(商品)の輸入を自由にしようとしている。モノが自由に国境を越える制度(自由貿易)のほうが、お互いの国の経済や暮らしに良い、という考えに基づいている。日本もこの自由貿易を国として支持している。中国やアメリカの安いコメが買えれば消費者はうれしい、という考えだ。

しかし、コメを作っている農家は、それに賛成しているわけではない。自分たちの作るコメが売れなくなる不安がそこにはある。農家が苦しくならないように、日本政府はさまざまな政策をとってきたが、今は、やがての自由化は免れないとして、とりあえずは関税障壁を設定し、コメの自由流入を阻止しているだけである。しかし「大きな流れ」は、コメの輸入をも自由にしようということである。

世界の「大きな流れ」はモノの輸入そして輸出の自由化だ。日本ではコメ以外の食べものの輸入はほとんど自由化されている。わたしたちが毎日のように食べているエビは、前述したように、半世紀もの昔の一九六一年に輸入が自由化されている。その結果、わたしたちの食べるエビの九〇%ほどが輸入エビになってしまった。インド、インドネシア、タイ、ベトナム、中国など世界の数十カ国からエビは輸入されている。

わたしたちがやはり毎日のように食べる納豆や豆腐さらには味噌、それらの原料は大豆である。大豆の二〇〇六年の日本の生産量は二二・九万トン、これに対して、輸入量は四〇四万トンだった。全消費量は四二七万トン、輸入の占める割合は九五%にもなる。先ほど述べたように、すべての食料で、カロリーをもとに計算すると、日本の食料の自給率は三九%、つまり六一%を外国に委ねて暮らしていることになる。魚介類だけの自給率を見ると表5-1のようになっている。エビの自給率五%につ

表5-1　魚介類の食料自給率(2006年)

エビ	5%	アサリ	42%
イカ	70	ホタテ	105
アジ	80	マグロ	38
サケ	60	ウナギ	20
サバ	62	ウニ	11
サンマ	118	カニ	22
カキ	81	カレイ	53
タラ	50	アワビ	43
ブリ	100	カジキ	38

出所）食品生産力研究所，食料自給率データマップ（http://www.foodpanic.com/）.

いで低いのはウニ一一%、ウナギ二〇%、カニ二二%などである。

べつに食べものだけのことではない。今やモノが国境を越えて移動することなしにわたしたちの暮らしは成り立たなくなっている。そして国境を越えるモノの移動はますます勢いを増している。

2　バナナの問題

安い輸入食品の陰で

少し具体的に食料輸入の問題を考えてみることにしよう。

アメリカで「同時多発テロ」が起きたのが二〇〇一年九月一一日。日本政府はその数カ月前の四月二三日、中国から輸入が急増している長ネギ、シイタケ、畳表の三つの輸入品に対して、ある数量以上の輸入には高い関税をかけるというセーフガード(緊急輸入制限措置)を発令した。安い中国野菜が日本の農家を圧迫するというのがその理由である。これに対して、中国政府は六月二二日に、日本製の自動車、携帯電話、エアコンに一〇〇%の特別関税をかけるという対抗措置をとった。

多くの日本人は、日本の農家を圧迫するほど安い野菜が中国から大量に輸入されていたことには、うすうす気がついていたはずだ。スーパーマーケット、八百屋、魚屋などに大量の、しかも安い輸入食品があふれ始めたという実感はあったはずだ。いったい日本の農業や漁業はどうなってしまうのか、食料の安全保障は大丈夫なのか、こんな懸念を多くの人が持ち合わせてはいるものの、一方でその流れにはほとんど抵抗できないと思い始めているのではないだろうか。

今の子どもたちにとっては、エビもバナナも、それほど大騒ぎするほどの食べものではないのではないか。もちろん、多くの子どもにとっては、エビもバナナもとても好きな食べものに入るのかもしれない。しかしある年齢以上（おそらく四〇歳以上）の日本人にとっては、この二つの食べものは食べたくてもなかなか食べられないぜいたくな食品だったにちがいない。もっと上の世代の人、つまりわたしくらいの年齢の人は、バナナは病気になった時とか、遠足の時にしか食べられなかったかもしれない。エビは正月に食べるくらいだったかもしれない。

今や、この二つの食べものはあまりにも一般的になり、大してありがたみもない食べものになってしまった。それはそれで良いことなのかもしれないが、それほど手放しでは喜べない、さまざまな問題があることを、バナナについては故鶴見良行さんが『バナナと日本人――フィリピン農園と食卓のあいだ』（岩波新書、一九八二年）のなかで書かれた。

南の島の飢えと日本

この『バナナと日本人』が発刊されてしばらく経った一九八〇年代中頃、「サトウキビの島ネグロス島が飢えている、日本にいちばん近い飢えの島」、こんなニュースが伝わってきた。エチオピアからも飢えのニュースが伝わってきていた。日本人が土地投機や株の売買に狂奔し始めた頃のことだ。フィリピン中部のネグロス島はサトウキビの島である。島の西半分は大地主の支配するサトウキビ農園が一面に広がっている。南のミンダナオ島ではバナナ、パイナップルなどを生産し、輸出している。緑豊かな南の島でなぜ飢えが生じたのだろう。

ネグロス島西部の住民の大半はサトウキビ農園の労働者だ。人口のたった二%にすぎない地主が九〇%もの土地を支配し、サトウキビ農園を長い間経営してきた。サトウキビからつくられる砂糖の輸出で収入を得てきたのである。しかし砂糖の国際価格が一九八〇年代になって暴落した。サトウキビ農園主は、サトウキビの生産を中止してしまった。こうなるとその農園で働いていた労働者は職を失い、食べることができなくなる。ネグロス島では、住民が食べるための作物をろくに栽培もしてこなかった。農園労働者はたちまち飢えてしまった。特に子どもたちの被害が大きかった。国際貿易ばかりに依存した経済や農業のあり方が問題だということが分かってきた。

ネグロス島の南のミンダナオ島、ここも昔から輸出用の作物を栽培してきた。特に一九七〇年代以降はバナナやパイナップルの生産に力を入れてきた。その後アスパラガスも生産している。この輸出用の作物は、やはり大きな地主や外国のアグリビジネスと呼ばれる農業関係の多国籍企業によって生産が行われている。多くの住民は、自分たちの食べものを生産するのでなく、こうした農園で労働者として働いている。

『バナナと日本人』は、一九七〇年代以降、日本に来るバナナの多くが、台湾や中南米産からフィリピン産に代わっていったことを指摘し、さらにそのバナナの生産、流通は巨大アグリビジネスによって支配されていることを指摘した。アメリカの大きなアグリビジネスや日本の大商社が、ミンダナオ島を日本のバナナ生産地に仕立てようとしたのである。

このバナナ農園では、実はさまざまな問題が起きるのである。見渡す限りの広大な農園、病虫害を防ぐために農薬が撒布される。時にはヘリコプターで農薬を撒布する。このため農園労働者は農薬を浴び、皮膚の病気におかされたりする。また、農園労働者の賃金はとても安い。これは安いバナナを少しでもたくさん輸出しようとするからだ。日本人が安い、おいしいといって食べるバナナの裏にはこのような問題がある。鶴見良行は、自分の足で歩いてバナナの背後にある問題をわたしたちの前に明らかにしてくれた。輸入食品とそれを輸出する側の関係をわたしたちはあまりに知らないで、ただ、安いとかおいしいとかばかりに関心が向けられてきた。もう二五年も昔に出版された『バナナと日本人』は、それに対する警告の書だった。

この鶴見良行さんたちとともに「エビ研究会」を組織し、歩いて調査し、出来上がったのが『エビと日本人』だった。エビは、バナナのように、巨大アグリビジネスの支配する世界とは様相を異にしていた。しかし、バナナを生産する「末端」労働者と同じように、エビを海で獲ったり、養殖池で生産する労働者にとって、エビは、ほとんど食べることさえできないほどの低賃金状況がそこにはあった。また、養殖池造成のため、マングローブ林の伐採が進められ、地球環境面からも問題を生み出しつつあった。

3　あふれる輸入食品

パプアからくる「カツオのたたき」

すでに第3章のビントゥニ湾のエビ漁のところで触れたニューギニア島の西半分、インドネシアのパプア。この島の周辺の海はエビの大産地である。最近はカツオ漁も盛んで、日本にもたくさん輸出されている。カツオはほとんど一年中スーパーの店頭に並んでいる。驚いたことに、このパプア北西の町ソロンには「カツオのたたき」をつくっている日系の工場まであった。夏も近づく八十八夜、わたしたちはカツオを初夏を迎える旬の食べものとしてきたが、今や世界中が日本人の「食卓基地」になっている。カツオに旬など通用しなくなっている。エビフライや天ぷらなどの加工食品さえ、たくさん輸入されてくるのだ。茨城県大洗の港には、アイスランドやカナダで獲れるシシャモが入ってきていた。しかし直接入るのでなく、中国で加工されたものが入るという。大洗ではどういうわけか、インドネシア出身の日系人労働者が多数働いていた。いつのまにか、日本人は何も手をかけないで食べものを食卓に並べるだけになってきている。やることは「チン！」だけ、というのはけっして冗談ではない。

本当に一体どうなってしまっていいのだろうか。これほどまでに、よその国の人びとに食料や食卓を預けてしまっているのだろう。統計を見ると、少しばかり驚くべき事実が見えてくる。日本は一九八〇年代中頃からバブル経済に突入した。バブル経済は、地価や株価が値上りし、膨大な不良債権を生み出しただけではない。もっと深刻な問題は、食料生産をよそさまに預けてしまった時代でもあるということだ。

バブル前一九八〇年、バブル期九〇年、バブル後二〇〇〇年、そして最近の二〇〇五年という四つの時期の日本の食料品輸入上位二〇位の統計を見ていただきたい（表5–2）。

この四半世紀に食品輸入は実に金額で三・四四倍も増えている。輸入品目も大きく変化している。食品輸入と言えば、一昔前は、穀類が主体だった。一九八〇年に一位はトウモロコシ、二位が小麦、これ以外にこうりゃん、大麦・はだか麦など、穀類が上位二〇位のうち四つほど入っている。バブルを経るとともに穀類は影が薄くなる。二〇〇〇年の統計では、穀類はトウ

表 5-2　日本の食料品輸入上位 20 位

（単位：100 万ドル）

1980 年		1990 年		2000 年		2005 年	
トウモロコシ	2,009	エ　ビ	2,832	豚　肉	3,225	豚　肉	4,404
小　麦	1,229	トウモロコシ	2,263	エ　ビ	3,030	タバコ	3,078
砂　糖	1,225	牛　肉	1,884	牛　肉	2,592	トウモロコシ	2,591
エ　ビ	1,106	豚　肉	1,671	タバコ	2,362	エ　ビ	2,125
コーヒー	757	蒸留酒	1,175	マグロ	2,060	牛　肉	2,012
こうりゃん	636	タバコ	1,036	トウモロコシ	1,887	マグロ	1,920
牛　肉	436	小　麦	1,006	小　麦	1,030	肉類の調製品	1,786
豚　肉	408	サケ・マス	961	タ　ラ	1,024	小　麦	1,235
葉タバコ	305	マグロ	936	カ　ニ	988	コーヒー	1,075
蒸留酒	265	コーヒー	642	コーヒー	917	タ　ラ	1,060
大麦，はだか麦	246	カ　ニ	633	肉類の調製品	855	葡萄酒類	1,028
マグロ	214	鶏　肉	553	鶏　肉	839	鶏　肉	845
イ　カ	210	砂　糖	519	牛舌・肝臓・くず肉	816	サ　ケ	767
タ　コ	194	こうりゃん	504	葡萄酒類	811	チーズと原料	734
麦　芽	192	葉タバコ	441	サ　ケ	799	犬，猫用の飼料	711
バナナ	190	葡萄酒類	423	ウナギ	790	カ　ニ	622
羊，やぎ肉	146	飼料用根菜類・乾草等	414	蒸留酒	752	蒸留酒	621
サケ・マス	144	バナナ	414	犬，猫用の飼料	664	バナナ(生鮮)	590
カ　ニ	143	牛舌・肝臓・くず肉	411	バナナ(生鮮)	551	果　汁	504
チーズ及びカード	135	ウナギ	368	チーズと原料	548	大豆油かす	483
食料品計	14,666	食料品計	31,572	食料品計	46,051	食料品計	50,459
輸入総額	140,528	輸入総額	234,799	輸入総額	379,718	輸入総額	516,100

出所）経済産業省『通商白書』各年版.

モロコシ六位、小麦七位だけである。バナナとエビはどうだろうか。この表では九〇年にエビが首位になっているが、実際エビが輸入食品第一位の座につくのは八六年、以後、九八年までの一三年間、エビはずっと一位だった。エビ全盛期である。そしてそのピークが九四年で三〇万五三八一トン(生鮮エビを含む)、金額にして約三四億ドルも輸入していた。一日一〇億円、プール一杯分(五〇×二五×一メートルのプール)のエビが入ってきたのはその頃のことである。

エビに比べるとバナナはさほど華々しい商品ではなかった。一九八〇年には輸入食品の一六位、輸入数量は七三万トンだった。バナナをもっともたくさん輸入したのは実は七二年のことで、その年の輸入量は一〇六万トン、国民一人当たりおよそ六キログラムの輸入バナナを食べていたことになる(皮の重さは除く)。中サイズで三二本くらいになる。七二年はまだエクアドルからのバナナが多かった。フィリピン産がエクアドルを抜くのは翌七三年、これ以来、フィリピン産バナナが輸入バナナの主役である。バナナは日本のバブル経済期には、エビほどにはふるわず、七〇〜八〇万トンの輸入で推移してきた。しかしどういうわけか、九〇年代後半以降少しずつ盛り返し、二〇〇五年には一〇六万トンでとうとう過去の最盛時に並んだ。その八四％(金額)がフィリピン産である。二位エクアドル、三位台湾、中国が四位に食い込んできている。バナナは、昔は台湾、その後中南米、そしてフィリピンと輸入先を大きく変えてきているのが特徴である。

ぜいたく化した食生活

食料品輸入の下位のほうだが注目すべきは犬・猫用の飼料(ペットフード)である。一九九〇年代後半から二〇位以内の地位を確保している。二〇〇五年の輸入量約四四万トン、金額にして七・一億ドル、バナナより大きな金額が日本の犬・猫用の餌に費やされている。はっきりした数値は分からないが、日本の飼い猫数は約八〇〇万頭、飼い犬の数は約一三〇〇万頭という。犬猫一頭当たり輸入ペットフード消費額は約六五円、多くもないが世界の飢えなどということを考えると複雑な気持ちになる。わたしは数年前まで猫を飼っていたのでよくスーパーの猫缶を見て回った。何と舌平目とか、ウナギの白焼きとか、むきエビが入っている高級猫缶もあった。ちなみに二〇〇六年、全国一世帯当たりのペットフード消費金額は年間五九四五円だった。とりわけ猫の餌には輸入魚介類が多く使われているにちがいない。困ったニャン!

ペットフードの輸入増に見られるように、日本の食品輸入は、明らかにぜいたく化している。直接口に入るもの、さらに動物性蛋白食品が輸入の主流になってきたのである。一九九九年には、エビを抜いてとうとう豚肉が首位になった。二〇〇五年、豚肉一位、タバコ(これは食品か?)二位、トウモロコシが復権して三位、以下マグロ、肉類調整品、小麦、コーヒー、タラ、葡萄酒類、鶏肉、サケ、チーズなどとなっている。エビが四位に「転落」したのは個人的心情としてはやや無念？ な感じがする。要するにわたしたちのグルメ化は輸入食品によってつくり出されてきているのである。

そして、中国に対して長ネギやシイタケのセーフガードを発令したことに見られるように、生鮮野菜、冷凍野菜も輸入が激増してきており、輸入食品が食卓の主役になってきている。食料自給率三九％、何とか回復をと主張されている。しかしながら、輸入食料の中身を見ると、消費者たるわたしたちそのもののぜいたくという問題にぶち当たる。そうこうしているうちに、野菜農家も畜産農家も、あるいは沿岸漁民も、そしてコメ農家さえ日本からはほとんど姿を消してしまいかねないのである。

4　背ワタを取る、池で働く

エビの加工工場で働く人びと

食料自給率を高める、農林水産業を絶やさない、わたしは賛成である。多くの人もおそらくそれに反対はしないだろう。だが、突き詰めて考えると先端産業、ＩＴ産業など輸出で潤う企業の人たちは賛成しないかもしれない。日本は「資源のない国」（本当は水・緑など資源豊かな国とわたしは思う）だから原材料を買って、日本人のハイテクや几帳面さや勤勉さ（そのような徳目も当てにできるとは思わないが）を活かして、ほかでは真似のできない優秀な工業製品を輸出しないと豊かにならないよ、という神話ないしイデオロギーは、今も牢固としてこの国にはびこっている。この牢固としたイデオロギーに打ち克つのは容易なことではない。「フェアトレードがあるさ」という主張にわたしも賛成はするが、内心、フェアトレードを実践したところで大勢は変わらないのではとどこかで思っている。フェアトレードを考える前に、気がかりなことをもう少し書いておくべきだろう。

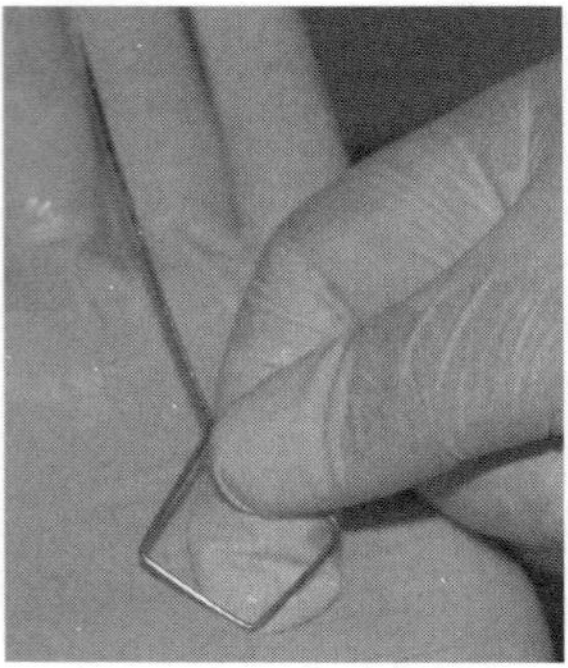

背ワタを取る道具

スラバヤ近郊シドアルジョにある二つの日系のエビ加工工場のことを前章で書いた。その工場で働く人びとのことが気になっている。

もともと、エビフライやエビの天ぷらを自分の家で作りさえすればこのような工場はなかったはずだが、現実は、この二つの工場は大成長している。タイ、ベトナム、中国、インドにも日系のエビ加工工場がある。二〇〇六年のエビフライの輸入量は約五万トン、金額にすると三八〇億円になる。ある有名メーカーのエビフライは六尾一五〇グラム（衣の部分を含めて）、一尾当たりの重量は二五グラムである。すべてのフライを二五グラムで計算すると年に二〇億尾のエビがフライ用に加工されていることになる。天文学的数字にすら思える。

先に見たように、工場では、六五〇人のほとんどすべてが若い女性労働者で全員、立ったままの作業している。水洗いする、頭を取る、計量する、殻を剝く、背ワタを取る、カッターを使って切れ目を入れエビを伸ばす、などの作業工程がある。その後に、パン粉をつけ、トレイに入れ、冷凍、梱包する。白の帽子、白のマスク、白の作業着、白の長靴、白いタイル、すべてが白い世界である。

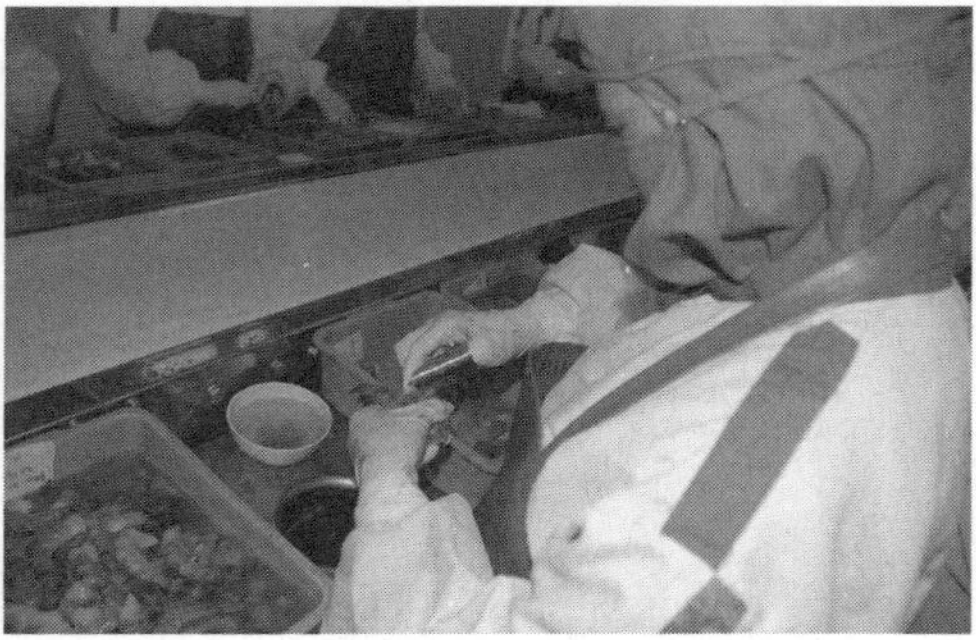

背ワタを取る仕事は一日中立ち仕事

背ワタをどう取るのか気になって二度見せてもらった。エビの背の真ん中あたりに千枚通しのような道具で、ひゅっと背ワタを引っかけ、抜き取るという作業だ。新鮮なエビほど抜きやすいという。これを朝から晩まで、毎日毎日やり続ける。エビをまっすぐに伸ばす人もそればかりやっている。

確かに消費者にとっては便利な冷凍加工食であり、買えば、あとは油で揚げるだけだ。天ぷらは揚げてくれてあるのでもっと楽である。「チン」すればいいのだ。今いちばんの売行きはミックス天ぷらセット。エビ、イカ、カボチャ、ナス、インゲンがセットになっていて、これにご飯と天つゆをつけて四〇〇円台だという。

「チン」をして食べる人と背ワタをひたすら抜きとる人、これもまたエビの世界なのである。背ワタを取ったり、カッターで切れ目を入れる女性、そのさらに「上流」には養殖池で働く人がいる。「最下流」は、製品を買って、家で「チン」する消費者である。

エビが消費者の口に入るまで

この加工工場の近くにある東ジャワ・シドアルジョの伝統的な粗放養殖池。エビの「最上流」である養殖池といっても平板な存在ではない。池の周辺を少しのぞかせてもらう。

池主はたくさんいる。なかには地元の有力者で何百ヘクタールもの池を持つ人もいる。

東ジャワのシドアルジョ周辺で最も大きな集買力を誇る集団にアリ・リド・グループがある。このグループ傘下には三三五人の池主が名を連ね、池の総面積は五〇三六ヘクタールにもなる。グループ総帥のアリ・リド氏自身も二四区画の池二五八・五ヘクタールの池を所有している。アリ・リド・グループの上には冷凍工場・輸出パッカーが存在する。アリ・リド・グループのもとには「倉庫」と称するエビ集買所が全部で九つある。倉庫は池主に氷を供給し、池で収獲されたエビを、ただちに氷詰めにして倉庫に運ぶシステムになっている。アリ・リド氏が「有力」なのは、自らの倉庫にエビを納入する池主を一〇四人も抱えているからである。ほかに有力な倉庫が四つあるが、アリ・リド氏の倉庫が最強である。アリ・リド氏はおよそ一五〇〇ヘクタールの池を直接的に支配していることになる。エビの「地元」の頂点は、こうした倉庫を所有している者なのである(このデータは、H. M. Qosim, *Sejarah Budidaya Udang Windu Sistem Organik*, Ali Rhido Group Sidoarjo, Jawa Timur Indonesia、出版年不明による)。

エビのおかげでカネの集積プロセスが促進される。仮に一〇〇ヘクタールの池を持っていると、年に二回の収獲でもヘクタール当たり生産量を一〇〇キロとすれば年に二〇トンの生産になる。半分の生産でも一〇トン。キロ当たり売値六万ルピア(八〇〇円くらい、二〇〇七年五月頃のレート)とすると六億ルピア、八〇〇万円を超える。もちろんコストがある。しかし五〇〇万円の年収だとしてもここでは大金持ちにちがいない。エビ御殿は建つし、マッカ(メッカ)に詣でてハジ(メッカに巡礼したイスラム教徒の称号)にもなれるし、クルマも買えるのだ。アリ・リド氏は二五八・五ヘクタールの池を所有している上に、一五〇〇ヘクタールほどの池のエビを買い付け、工場に売っている。その収入たるや、かなりのものだと想像できる。

池主Sさんは人気のトヨタAvanzaの新車を持っていた。Sさんは五ヘクタールの池しかないが、それでもトヨタの新車を持ち、ハジになった。

Tさんの池で働く自称三〇歳のソーさん。以前は農業労働者で水田で働いていたが、三年前に池のプンデガ(pendega管理人、マネージャー)になった。この池に来たのは最近のことである。まだ収獲は二回しか経験していない。取り分は収獲量に応じた歩合制(農業用語で言えば分益小作)、池で三〇〇キロの収獲があると一〇%の歩合をもらえる。およそ三カ月で収獲がある。したがってソーさんの収入は、キロ六万ルピアが売値だと月に一八〇万ルピア(二万四〇〇〇円)、これだとまあまあ。だが一〇〇キロの収獲だと月に六〇万ルピア(八〇〇〇円)にしかならない。三歳の子どものいるソーさんにとってはぎりぎりの収入でしかない。それでも農業労働者よりましだという。農業労働者はその日のみの賃金で地主からカネを借りることはできない。ソーさんは池主のTさんから毎月五〇万ルピアを前借りしている。マネージャーとはいえ完全な従属労働者である。

このプンデガの下に日雇いの労働者がいる。プレマン(preman)というのは一般的に暴力団やヤクザのような人たちのことだが、シドアルジョの養殖池地域では、プレマンは言うなれば臨時の日雇い労働者であり、水門の修繕から、土手の修復、草刈などありとあらゆる雑用を日給で行う。これとは別に、収獲の時に監視するセキュリティ・ガードのような役割を果たす人もプレマンと呼ばれている。特に収獲が終わりに近づく頃は地元の人が無断で池に入って残りのエビや魚を獲ったりすることもあるので、これを監視する役割もある。ちなみにスハルト時代、スハルトはシドアルジョに集約池を持っており(モノドン社)、このとき警備に雇われたのはほとんどが海軍兵士だったそうだ。今、池の監視に雇われるのは兵士ではないが、地元で定職のない人のようである。

プレマンとは別の臨時雇いもいる。クウィンタラン(kwintalan)と呼ばれる人である。kwintalというのは「一〇〇キロ」という意味だが、ここでは、手づかみでエビを獲る臨時雇いの労働者を指す。キロ当たりいくらという支払いがなされ、収獲の最後に合計で何キロ獲ったかによって賃金が支払われる。プレマンもクウィンタランも臨時の日雇い労働者と言える。

エビ養殖池には、その最末端に臨時日雇い労働者(プレマン)および臨時日雇い収獲労働者(クウィンタラン)がいる。その上が管理人、そして池主がいる。池主の上にはさらに集買業者(gudang＝倉庫)がいる。のどかな風景のシドアルジョの池ではあるが、池は人を階級化することによって支配されている。世界のエビ需要はこの階級社会を民主化する方向で作用しているわけではない。エビが失敗して倒産、頭の具合が変になった人もいる。Nさんは四〇歳なのに白髪頭になってしまった。池のムジャイル(テラピア)を退治すると言って危険農薬を買い込んで周囲の人に危険視されている。もうお米を三年も食べていないという。

養殖池の末端で働く日雇い労働者、池では「末端」かもしれないが、エビの流れから言えば、この日雇い労働者こそが最上流で、エビにじかに接する人である。この日雇い労働者から、わたしたち日本の消費者までは気の遠くなるほどの流れがある。

流れを追ってみるとつぎのようになる。

エビの上流と下流（末端消費者）

日雇い労働者（プレマンあるいはクウィンタラン）—池の管理人（プンデガ）—スーパーバイザー（アネメル）—池主（プングロラ）—集買人（グダン）—工場労働者—工場長—パッカー（加工・輸出業者）—（輸出）—商社・大手水産会社—荷受（一次問屋）—仲卸（二次問屋）—鮮魚店・スーパー—消費者

少なくとも一四もの段階が踏まれて、エビはわたしたちの口に入る。家庭でエビフライを食べる時、誰が一四段階のことなど考えるだろうか。

わたしたちに背ワタ労働者は見えない。池の日雇い労働者も見えない。しかし食べることに躊躇はない。生産者と消費者に、どんな関係が切り結ばれるべきなのか。サクランボ農家、リンゴ農家は、自分たちの食べるものに農薬をかけないというが本当なんだろうか？　消費者は見えない生産者にいらだち、生産者は気まぐれな消費者にいらだっている。エビは長い長い経路をたどって、タイやインドやインドネシアやベトナムからわたしたちの食卓に、あるいはファーストフード店に来る。それらのエビの生産者の顔は見えないが、安全性の不安だけがよぎることがある。エビは安全なのか？

5　エビは安全なの？

エビ養殖池との出会い

ジャカルタ湾で漁民がエビの刺網漁をやっているのを見たことがある。ジャカルタ湾が重金属汚染され、そこの魚介類を食べている住民が「水俣病」になったというショッキングなニュースが伝えられ、アジアと水俣を結ぶ会の谷洋一さんとジャカルタ湾を訪れた一九八四年頃のことだ。この「水俣病」を告発したのはメイザールさんという女医で、彼女の案内で入院している子どもたちのもとにも行った。ジャカルタ湾の重金属汚染と疾病については、その後、水俣病の権威の熊本大学の原田正純さんがジャカルタ湾の汚染と患者さんを検診した。水俣病とはいえないが酷似しているとの診断を下された。

「水俣病は、化学工場から海や河川に排出されたメチル水銀化合物を、魚、エビ、カニ、貝などの魚介類が直接エラや消化管から吸収して、あるいは食物連鎖を通じて体内に高濃度に蓄積し、これを日常的にたくさん食べた住民の間に発生した中毒性の神経疾患です」(国立水俣病総合研究センター・水俣病情報センターのホームページ http://www.nimd.go.jp/archives/index.html)とある。メチル水銀化合物を吸収したエビを食べる人間は水俣病になりうるのである。ジャカルタ湾でのメチル水銀汚染がどの程度のものかはっきりしないが、そこで獲られたエビが輸出されている可能性は十分にありうる。安易なことは言えないにしても、このような危険性を認識しておく必要はある。

わたしは実はエビの養殖池についてまったくの無知であった。一九七七年一月、スラウェシ島を訪れる機会があった。雨季も真っ盛りのスラウェシ島マカッサル(当時はウジュンパンダン)上空から下界を見た。海岸近くの田んぼが水浸しになっている。洪水のようだ、と思ったのだが、これが田んぼではなく実は養殖池だったのを知ったのはずっと後になってからのことである。

自分の足で養殖池を歩いたのは二年半後の一九七九年八月になってからである。これは実はエビ養殖池を見るために行ったのではない。中部ジャワのスマラン郊外にある日系の化学工場(スマラン・ダイヤモンド・ケミカル社)が公害を出し、住民が告発しているとの報が入り、そこを見に行ったのである。サトウキビの搾りかすからクエン酸石灰を製造する会社で、大量のアンモニアを含んだ排水を垂れ流し、それが周辺住民の井戸と水田と養殖池を汚染したというのであった。井戸は臭くて利用できなくなり、水田の稲は過肥料状態で実らず、エビは大量に斃死した。この会社は最後まで住民の補償要求に応じることなく撤退してしまった。この工場の排水が流された養殖池、それこそがエビ養殖池だったのである。炎天下、エビ養殖池を歩き続け海まで行った。地元の青年がずっと案内してくれた。エビ養殖池がかくも広大な領域に広がっていることを初めて知った。

エビを意識的に追いかける前のことだったが、エビとの出会い、エビ養殖池との出会いはいずれも芳しいものではなかった。その後、本格的にエビを追いかけるなかでも、ブルータイガー(第2章)に出会ったり、養殖池主が抗生物質と格闘していたり、あるいはマングローブ林が伐採されるなど、エビは推奨できる安全食品、あるいはエコフレンドリーな商品なのだろうかということに「?」マークがついて回ったのである。

断言できない安全性

第3章で紹介した東ジャワの養殖民モハマド・ナシルさんはエビの病気で倒産してしまった人だが、彼は「テトラシクリンとかホルマリンとかさまざまな薬品を使いましたがダメでした」と言っていた。このテトラシクリンとは「テトラサイクリン」のことで、かなり有名な抗生物質である。商品名ではアクロマイシン、ビブラマイシン、ミノマイシンなどの関連薬品がある。ウィキペディアによれば、「家畜の飼料にしばしば混入されており、この有用な抗生物質の耐性菌が蔓延する原因の一つになっている。日本でも、幾つかのテトラサイクリン系抗生物質がこの用途に対して認可されている。肝障害と腎障害の悪化に注意するべきである」(テトラサイクリン系抗生物質、http://ja.wikipedia.org/wiki/)。テトラサイクリン系の抗生物質にドクシサイクリンがあるが、これはマラリア予防薬にもなっており、わたしはしばしばお世話になっている。

スーパーで売られている冷凍エビには抗生物質の表示などもちろんない。たいてい表示されているのは「酸化防止剤　次亜硫酸ナトリウム」である。厚生労働省行政情報の添加物リストにも掲載されている。それによると、エビ・冷凍・生カニに対しては、一キロのむき身に対して〇・一〇グラム未満の使用が認められている。魚肉などのように不飽和の脂肪酸を含有するものがあり、その不飽和の脂肪酸・油脂類が酸化されやすいため、その酸化を防ぐために次亜硫酸ナトリウムの使用が認められているのである。と、言われてもわたしたち大半の素人には、それが本当に安全なのかどうか分からない。使用料の限度が定められている、ということはやはり量を超えれば安全でないということに他ならない。

加工品を合わせれば三〇万トン、一日平均にすれば八二二トン、これだけのエビを検疫ですべて検査するわけ

原　因	措置状況	備　考
調査中	廃棄，積み戻し等を指示（全量保管）	自主検査
調査中	廃棄，積み戻し等を指示（全量保管）	命令検査
調査中	廃棄，積み戻し等を指示（全量保管）	命令検査
調査中	廃棄，積み戻し等を指示（全量保管）	モニタリング検査

topics/yunyu/tp0130-1.html

表5-3　食品衛生法違反事例(エビ関係・2007年7,8月)

品　名	生産国	違反内容	担当検疫所
エビフライ	中華人民共和国	成分規格不適合(細菌数 4.2×10^6/g 検出)	東京
冷凍むき身：天然えび	ベトナム	成分規格不適合(クロラムフェニコール0.0012 ppm 検出)	東京
加熱後摂取冷凍食品(凍結直前未加熱)：エビフライ	ベトナム	成分規格不適合(えびについてフラゾリドン(AOZとして)0.003 ppm 検出)	東京
無加熱摂取冷凍食品：寿司えび	タ　イ	成分規格不適合(大腸菌群陽性)	東京

出所)　厚生労働省輸入食品監視業務ホームページ http://www.mhlw.go.jp/

にはいかない。厚生労働省は食品衛生法に基づいて輸入食品の検査を行なっている。厚生労働省輸入食品監視業務ホームページで輸入食品等の食品衛生法違反事例というのを見てみる。二〇〇七年七月、八月の二カ月の違反事例は全部で二二四件あった。違反には、たとえば、中国からある商社が輸入した活きアカガイの事例をみると、この活きアカガイに命令検査が実施され、下痢性貝毒〇・二MU／gが検出された。この活きアカガイは廃棄、積み戻しなどが指示された。

エビ(加工品も含む)に関しての違反事例もかなりある。七、八月で二三件の違反があった。これは全違反事例のほぼ一割だから食品としては多いといえる。いくつかの事例を表にしてみた(表5-3)。ここには製造者や輸入業者の名前を載せていないが原表にはそれが載っている。この表を見ても実はよく分からない。違反内容に、クロラムフェニコール〇・〇〇一二ppmとあったり、フラゾリドン（AOZとして）〇・〇〇三ppmなどと書かれていてもそれが何なのかは改めて調べる以外にない。

エビの違反事例によくAOZというのが出てくるので調べてみたら、同じ厚生労働省の食品監視業務ホームページに、「AOZ（3－アミノ－2－オキサゾリドン）又はセミカルバジドは、動物用医薬品であるニトロフラン系合成抗菌剤の一部（フラゾリドン、ニトロフラゾン）の代謝物です。平成一五年六月二七日に開催された薬事・食品衛生審議会食品衛生分科会毒性部会において安全性に関して審議され、AOZ又はセミカルバジドが検出された食品については、流通しないようにすることが適当であるとされているところであり、検疫所において家禽肉、養殖水産物についてモニタリング検査等を行っているものです」とある。よく分からないが、抗菌剤で危ないということなのだろう。

フィリピンやインドネシアの冷凍エビからは、オキシテトラサイクリンが検出され成分規格不適合になったこともある。東ジャワのモハマド・ナシルさんの言っていたテトラサイクリンは日本の検疫でもよく検出されているようだ。二〇〇三年一〇月二日付の『朝日新聞』はつぎのような報道をしている。

「中国エビから抗生物質　検疫を素通り　ニチレイ、七七〇トン回収中ニチレイ（本社・東京）が中国から輸入した養殖エビから食品衛生法で残留が認められていないテトラサイクリン系抗生物質が見つかり、昨年に輸入した約七七〇トン分の冷凍エビを回収していることが一日分かった。中国産エビを巡っては、厚生労働省が昨年八月、全ロット（コンテナ）を対象とした検査に強化していたが、今回のエビはすり抜けていた。同省は検疫に問題がなかったか調査する。同省や東京都中央区保健所などによると、最初に抗生物質が見つかったのは今年六月。宮城県内で流通していた冷凍エビ（昨年輸入分）を抜き取り検査したところ、同法で残留が認められていない抗生物質「クロルテトラサイクリン」が検出された。長期間継続して摂取すると、人体に影響があるとされている」

エビは危ないと断言はできない。しかしすべて安全だとも言えない。特に養殖されたり、あるいは加工されたエビ（フライや天ぷら）になると安全度が下がる可能性がある。いちばん安全なのは瞬間冷凍された海で獲れたエビなのだろうが、消費者がそれを見分けるには情報が少なすぎる。あまりに過敏になる必要はないだろうが、鈍感すぎると恐ろしいことになるかもしれない。

6　シドアルジョの自然循環型エビ養殖モデル

生態系を利用した養殖

わたしにとってエビ養殖の原点とも言うべきところは東ジャワ・シドアルジョである。いつもそこを中心に養殖のことを考えてしまう。

インドネシアはエビ大生産地、中国につぐ大きな生産国である。養殖でも中国、ベトナム、タイに次いで四位の座にある。とりわけ、東ジャワは、インドネシアでは養殖の中心地である。中ジャワ、西ジャワ、スラウェシ、カリマンタンと養殖池は多いのだが、歴史的にも東ジャワの池はもっとも古い池である。そしてシドアルジョのデルタこそが池の中心地である。

この土地はもともとは潮の干満を利用して、魚を畜養する土地として開墾されてきたところだといえる。石干見《いしひみ》というのは、海岸に石を積んで囲い、そこに魚が入って大きくなる原初的養殖業である。シドアルジョは海抜ゼロメートルのデルタ、おそらくかつてはマングローブ林が生い茂っていたところだと思われる。木を伐り払い、田んぼのように池を造り、満潮時に水路経由で入ってくるミルクフィッシュやエビを自然に大きくしてきたのだと思われる。

シドアルジョの池を見て感心するのは、そこの生態系を実に巧みに利用している点にある。

シドアルジョの粗放養殖池

「粗放養殖」というが、ほったらかしの自然養殖ではない。水路の手入れ、水の入れ替え、池の乾燥や掘り返しなど、実に手をかけているのである。たとえばガンガンと呼ばれる藻がある。アオミドロのようなこの水草が繁茂するとプランクトンが生じ、それがエビの餌になる。ガンガンを発生させるためにマングローブの枝葉を池に投げいれる。シバエビに似た小エビや、ムジャイル（テラピア。これはあとから入ってきた魚だと思われる）、ノコギリガザミ（マングローブガニ）も育つ。この池では、伝統的にはミルクフィッシュを主に育て、ブラックタイガーはあとから入ってきたものだろう。マングローブ・デルタの海辺に造った池がシドアルジョの養殖池である。

ミルクフィッシュの稚魚（ネネールと呼ばれる）、そしてブラックタイガーの稚エビは、周辺の海辺で漁民が三角網ですくい取り、池に売りに来る。

ミルクフィッシュもエビも、命は水と酸素と餌である。それを自然循環で実現したのがシドアルジョの池である。酸素補給が秀逸である。池面積を大きく、池の深さを浅くする。池面を風が渡る。酸素が入り込む。基本はこれである。ミルクフィッシュは動きの大きな魚なので、これがまた酸素補給を促すという仕組みである。近代的な集約養殖池はエアレーター(羽根車)を動力で回し酸素補給をしている。池も深く面積も狭い。餌はすべて人工飼料、実に対照的である。

水は満潮時に新鮮な汽水(淡水と塩水の混ざった水)が入り、干潮時にたまった水を排水し、池の水をいつも部分循環させている。上流の養分たっぷりの泥水、マングローブの落ち葉の養分で涵養《かんよう》された汽水が藻を繁茂させ、プランクトンを生み出す。こうして水、酸素、餌循環が完成する。水の出し入れのある池の取水・排水溝の管理はとても重要で、特に取水時には余計な有害動物が入らないよう、フィルターを通す。フィルターといっても編み目の小さな網が伝統的に使われてきた。竹網のプラヤンという収獲道具がある。取水口の近くにこれを仕掛ける。新鮮な水に引かれてエビが取水口近くにきて、プラヤンの中に入り込む。するとそこからは出られない。単純な原理とはいえ、実に巧みな収獲道具である。

台湾で隆盛したブラックタイガーの集約養殖はインドネシアにもやってきた。スマトラやカリマンタンなど新興の養殖池では集約養殖方式を取り入れた。東ジャワでもその方式に倣った池もある。シドアルジョでも一部集約生産を行なった池もある。タイからはCP社が進出してきて集約生産を行なった。しかし多くの伝統的な池は、かたくなに粗放養殖を守った。おかげでブラックタイガーに固有とも言えるウイルスには感染しなかった。いまバナメイという新しい品種が入ってきているが、シドアルジョの養殖池はこれへの転換もしようとはしていない。

伝統的な収獲用具プラヤン

「マングローブの沼地」と鶴見良行はかつて言った。少し違和感があった。そこは、確かに海と陸の出会う場所ではあるけれど、人もいないような沼地ではなく、人が懸命に働きかけてきたところである。そしてたくさんの人がそこに依拠して暮らしている。鶴見はミンダナオ島南部のマングローブ林を観察し、海賊論を展開している。高谷好一は『マングローブに生きる』(一九八八年)のなかで、マングローブは熱帯猖獗《しょうけつ》の地、最悪の泥湿地で

誰もが参加できるブリ．この地域には収獲後に残されたエビやバンデンなどを皆で分かち合う習慣がある

人すら住みにくい地とし、だがそこで一攫千金を夢見る漂泊民がつきあう場所としている。これはスマトラのマラッカ海峡の海岸を観察した結果出した結論である。

どちらにも文句を言うつもりはない。ただ東ジャワのマングローブ林は、おそらく珍しくも人がかなり濃密に関わり、土地を改造し、人の食につながる活動をしてきたところだと思う。この地とのつき合いには「農民の発想」があるように思われる。第2章で少しだけ、スラバヤの北のグレシクの養殖民のアムナンさんについて述べたが(五七頁)、この人は自らコメも作る農民であった。養殖池にも鍬を入れ耕す。池の藻を刈り取り、堆肥にする。池の土にはミミズ、アカムシが発生する。これは農民的養殖民であると言える。

シドアルジョ、その地域を知ったのは偶然のことであるが、この地域とのつき合いには何か宿命的な感じさえ受けている。シドアルジョがすべて理想の地であるとは言えない。そこには伝統に縛られた強固な縦型社会がある。何百ヘクタールもの池を所有する大金持ちの池主がいれば、その日の生活もおぼつかない日雇い労働者もいる。「自然循環型エビ養殖」と言っても周辺の工業化による水の汚染も進んでいる。ラピンド社の熱泥噴出も続いている。だがシドアルジョの「自然循環型エビ養殖」を一つのモデルとして考え、そことのつき合いを考えるなかで、将来の関係性に何かが見えてはこないだろうか、そんなことをここ一〇年ほど考えてきた。

7　グローバル化のなかのエビ

エビは食べ過ぎか

ほぼ二〇年前に書いた『エビと日本人』のなかで、わたしは日本人は輸入エビを少し食べすぎではないか、と書いた。少し長いがその部分を再現してみる。


「輸入エビは食べ過ぎではなかろうか？

エビを追いかけ、アジア・第三世界の人びととの出会いの中で、私たちは〃飽食〃を実感せざるをえなかった。

もちろん、エビだけの問題ではない。食べ物だけの問題でもない。だが、エビという身近な題材を、かなり丹念に追いかけることによって、私たちと第三世界との関係の〝歪み〟が浮かび上がってきた。彼らが獲り、私たちが食べる。獲り、加工する第三世界の人びとと、食べる私たち、この両者のあいだには、長い複雑な道のりがあり、おたがいの顔はまったく見えない。

ジャワやスラウェシの海辺で稚エビを獲る漁民は、その小さな稚エビが、親エビに成長し、二〇〜三〇倍の値で、三〇〇〇キロ離れた日本人の食卓に供せられると知らされても、実感は湧かないだろう。私たちも、スーパーで、きれいにパックされたエビが、三〇〇〇キロ離れた海辺で、漁民が三角網で獲り、貝殻で丁寧にすくい、洗面器に入れて養殖池に売られ、成長したものなどと考えてもいない。

人と人とが相対する世界ではない。資本(カネ)とテクノロジーが、私たちと第三世界を縦に結びつけている。バナナの場合、巨大な多国籍企業による第三世界の直接的支配と、寡占的生産構造がある。エビは大商社や大水産会社が基本的には生産・流通を支配しているといえるが、もっと広域で、企業の数も多い。また、第三世界の側も、バナナより長い流通の経路がある。関わる人の数も多い。漁民はバナナ農園の労働者ほど、むき出しの支配を受けてはいない。エビ成金ということばは聞くが、バナナ成金ということばは聞いたことがない。バナナが大農園で、より〝工業的〟生産が可能なのに対し、エビは広い海、多くの漁民を相手にした産業である。資本の支配力が貫徹しにくい側面がある。だが、エビもはっきりと養殖化の比重が高まってきている。〝工業的〟エビ生産は、すでに台湾に見られる。資本・技術の力が大きく作用してくる。

日本の業者は、エビ需要はまだまだ伸びると予測している。価格がさらに下がり、輸入がいまの二倍位まで伸びることを期待している。しかし海の漁獲はそれほど増えないだろう。否、減るかもしれない。とすると養殖である。

養殖はマングローブ林を破壊する。高密度養殖のためには、生魚を犠牲にした人工飼料が必要になる。大きな資本と細心のテクノロジーも必要だ。いったい誰がこの競争に勝つのだろうか。マングローブ林や生魚を犠牲にされて困るのは誰なのだろうか。

エビというたった一つの商品からでさえ、ずい分とやっかいな問題が見えてきた」

（『エビと日本人』二〇七〜二〇九ページ）

それから二〇年ほど経った。予想通り養殖が大きく進んだ。海での漁獲も減ってはいない。むしろ増えている。おかげで世界のエビ消費量は、単純に計算しても一九八五年には一人当たり四五六グラムだったが、二〇〇五年には一二一〇グラムほどになっている。二〇〇五年のエビの四四％は養殖エビである。エビが食べられれば幸せなどと言うことはできないが、この二〇年ほどのエビ生産の拡大、とりわけ養殖エビの大増産は、あきらかにエビ消費の拡大につながり、幸せな人を増やしたかもしれない。アメリカ、ヨーロッパはもちろんのこと、とりわけ中国、ベトナム、タイなどアジアの国々では生産を拡大させるとともに消費も伸ばしている。日本のエビ消費のピークは一九九四年で二七四五グラム、バブルの崩壊に合わせエビ消費もそれ以降低落傾向にある。二〇〇五年消費は二〇二五グラム、加工エビを加えれば二五〇〇グラム近くにはなるだろう。

エビを通して見えること

まだそれでも「食べ過ぎ」なのだろうか。安易な結論を出すつもりはないが、「水産国」という特別な事情を加味しても、以下さまざまな要因から判断すると、エビは、やはり食べ過ぎであると言わざるを得ない。

まず第一に、養殖エビは環境にやさしくない。多くの養殖池は、マングローブ林を破壊して成り立っている。養殖のプロセスで使われる人工飼料は、ほかの魚を成分(フィッシュミール)にしており、これも環境上あるいは資源上よろしいとは言えない。

第二に、エビは安全な食べものかどうかということに対してはっきりと「イエス」とは言えない面がある。わたしが池の現場で目撃した抗生物資やその他の薬品について、残念ながらはっきりした答えが出せていない。日本の検疫でも食品衛生法違反の事例が多数あげられている。

第三に、輸入に依存しすぎるという問題がある。エビの場合は極端と言えるほどの輸入依存である。二〇〇五年、輸入量が二三・五万トンだったのに対し国内生産量は一・五万トンに過ぎない。自給率一〇％にも満たない。わたしは食料はすべて自給すべしという立場には立たないが、食べものはなるべく身近で生産し、土に返すべきは返したほうが良いと考える。したがって何が何でも自由化という先端産業やＩＴ産業の主張する自由化論には与しない。魚介類は有限な資源に近い。獲りすぎれば資源再生にならなくなる。養殖も必ずしもサステイナブル（持続可能）な産業と言い切ることはできない。

すでに見たように、日本の食料自給率は四〇％を割り込んでいる。輸入食品リストを見ても、たやすく口に入る食料の輸入が増え、言ってみればグルメ化の道をたどっている。もっと身近な食料生産を心がけていく必要がありはしないか。

しかし簡単なことではない。エビを獲る漁民、漁業のあり方から問われなければならないからだ。日本では農林漁業全体が衰退し、それに従事する人そのものがいなくなってきている。エビの最盛時の国内生産量は七万トン、これだと今の消費の三分の一以下になってしまう。輸入を仮に半分の一〇万トンくらいまで減らし、国内漁獲量を最盛時の七万トンまで持っていく、さらにクルマエビに限らず養殖を増やし一万トンくらい（今は二〇〇〇トンくらい）まで持っていけば一八万トンくらいになる。それほどの痛痒は感じないはずである。しかし、エビ漁獲量を増やすのも、輸入を半減するのも難しければ、養殖を増やすのもままならない。言ってみれば画餅のごときものだ。ひとたび輸入に多くを頼ると後戻りするのは至難の業なのかもしれない。

第四、これはもっと厄介なことである。背ワタを朝から晩まで取り続ける労働者のこと、あるいは池でその日その日に雇われ、最低賃金水準すら稼げない人びとのことである。労働疎外や貧困に関わることである。何もエビに限ったことではない。南北構造に関わるだけの問題でもない。労働疎外ということで言えば、それは世界中にあふれている。また、貧困はエビをもっぱら生産する南の国々の一般的な問題でもあるし、北にだって貧困の問題はある、と言ってしまうと身も蓋もなくなってしまうが、北の言わば豊かな側が、南の貧しい側との間の経済格差や技術格差を利用して、ひたすらおいしいものにありつける構造は、やはり人間として気にかけねばならない問題なのではないだろうか。エビを食べながら、南の貧しい人たちのことを気にかけよ、というようなことを言っても実に無力であるばかりか、反感すら買いかねない。バナナ、エビ、コーヒー、チョコレートなど、おいしいものを、南の人とともにおいしくできる世界の仕組みを考え、その実現に向かっていこう、ということくらいしか言えないのである。

最後に、二〇年前に比べ、明らかに変わったこと、それはグローバル化の進展であり、そのなかでのアジア、特に中国、インド、ベトナムなどの台頭があったということである。ここでいうグローバル化は主としてモノの移動（貿易）の飛躍的な拡大である。もちろん人の移動、カネの移動（投資など）、情報の移動などすべてに拍車がかかったのは一九九〇年以降、つまり東西の壁崩壊後のことである。

世界の輸出額は、一九八〇年から二〇年の間に一兆九九四〇億ドルから六兆一六五〇億ドルへと三・一倍の拡大、輸入額は二兆五一〇億ドルから六兆三七三〇億ドルへとやはり三・一倍に拡大されている。アメリカの輸出額は世界の伸びをさらに上回わり、二一七〇億ドルから七八一〇億ドルへ三・六倍の拡大、輸入は二五六〇億ドルから一兆二五八〇億ドルへと何と四・九倍も拡大している。日本の輸出は一二九〇億ドルから四七九〇億ドル（三・七倍）、輸入は一四一〇億ドルから三七九〇億ドル（二・七倍）と、やはり大きな伸びを示している。

すでに見たように、エビ貿易（世界のエビ輸入）は八五年の三一億八三〇〇万ドル、五五万七〇〇〇トンから、二〇〇四年には九九億九〇〇〇万ドル、一五五・六万トンに金額でも量でも三倍ほど増えている。

こうしたマクロレベルのグローバル化を「現場」で支えている構造にも注目すべきだろう。すでに何度か指摘したが、養殖の華であった台湾発ブラックタイガーの集約養殖は、瞬く間に東南アジアやインドを席巻する。しかしひとたびウイルスに見舞われるや、台湾はハタ養殖に目をつけ、あるいは中南米産バナメイへの転換を図る。バナメイへの転換はベトナム、中国、タイなどにこれまた瞬く間に広がっていく。流動性の高いカネが短期利益を求めアジアに集中、それがアジア通貨金融危機を招いたようなモノの移動やその生産技術の移動の激しさが二一世紀の特徴になってきているとさえ思える。

カネは機を見るに敏かもしれない。しかしモノの移動やそれを支える技術の移動までこのようなグローバル化の波に呑み込まれて大丈夫なのだろうか。モノを支えるのは技術、技術を支えるのは人間、その人間は究極のところカネだけで支えられるわけではないだろう。自然あっての人間であり、環境に生かされての人間であろう。台湾の「草蝦の父」廖一久さんが「自然の理」と言っているのはそのことではないだろうか。

シドアルジョのエビ養殖にわたしは「自然の理」を見つけた思いがしている。

8　エビのフェアトレード

フェアトレードと「北」

潮が高い。水路を舟が行く。ホテイアオイがふわふわ浮かぶ。カワセミが小魚をすくい取る。シラサギ、アマサギ、ゴイサギがゆったりと舞う。海から入り込んだ入り江が川になる。生い茂るマングローブ。豊かな水は潮目に合わせ引いたり押したりしている。魚やカニやエビも潮

シドアルジョを流れる養殖池をつなぐ川

に乗ってくる。漁民が舟で刺網を張る。水が豊か、泥も豊か、人が恵みを受ける。スジグロカバマダラも舞う。ミルクフィッシュ、ブラックタイガー、ノコギリガザミ、シバエビ、貝が育つ。いつの頃からかこの水と泥の地が世界市場に登場する。人はカネに巻き込まれ、大きな家が建ち、ベンツも走り、マッカ詣でのハジも増えた。ハッチェリーも含めてさまざまな変化がずっと起き続けている。川のホテイアオイのようにシドアルジョも漂っている。そのど真ん中、池の近くで石油・ガスを採掘した会社が〝マグマ〟を掘り当て、熱い泥水が大噴出してしまった。まだマグマの泥が噴出している。どうなるのか、誰にも分からない。シドアルジョのエビがどうなるのかも分からない。だがそこにエビとともに、そして自然の理のなかでエビを育ててきた人びとと関わることで未来が見えてくるかもしれない。

この地と「フェアトレード」で関わってきたのが「オルター・トレード・ジャパン」(Alter Trade Japan。以下、ATJと略す)という会社である。ここで一民間会社の宣伝がしたいわけではない。この本の締めくくりとして、どうしてもフェアトレードのことを書いておきたかったのである。つまり「エビの出口」を探りたいのである。しかし、わたしは一般的に言われるフェアトレードの考え方に必ずしも同調しているわけではない。

一般に言われるフェアトレードというのは、南(発展途上国)の国々は、北の工業国との交易(トレード)でずっと不利な、フェア(公正)でない扱いを受けてきたし、現に受けている。とりわけ途上国は一次産品(農林水産物)を多く輸出している。このような不公正な貿易を変え、南の国々により有利になるような交易をしようというのがフェアトレードの基本である。もともとは欧米起源(だから悪いわけではないが)の考えで、南の国々の生産者がもっと取り分を多くできるように、生産者と直接取引をし、より高い価格づけを保証し、取次のマージンを減らしていこうとする。それだけではなく、近年では、環境にも配慮し、あるいは製品の安全性も取り込もうとしている。わたしたちにもフェアトレードは次第に馴染みのある考え方になってきているし、実践例も多い。有機栽培のコーヒーを生産者から直接買う、第三世界のNGOから手工芸品を買って生産者の自立を手助けするなど、すぐに思い浮かぶ人もいるだろう。

このような考え方は基本的に間違っているとは思わない。南北の大きな格差が是正されることは良いことである。わたしが感じる違和感は、では「北」は何なんだ、という点にある。不公正な交易を強いている(自由市場的に強いているわけではない)構造そのものを問い、その構造変革のために北自身の内部の変革をすることなく、ただより高い価格で、あるいはより取り分の多いやり方で交易をしただけでこの不公正なシステムは変えられるのか、という点にある。環境にやさしい、オーガニック(有機)製品というのは南に求めるだけでなく、北にも求めるべきである。そしてもっと根源的には、なぜそんなにモノの移動を勧めるのか、「買わない・要らない」という考えだってあるのではないか。フェアトレードの究極は、公正な世界の実現であろう。公正な世界を実現するための一つの方策にフェアトレードはあるだろうが、それだけではおそらく不可能である。

世界の交易を支配しているのは世界規模のグローバル・コングロマリット(世界規模多国籍企業)である。世界最大のスーパーマーケットであるウォルマートで売られるTシャツは、韓国企業がインドネシアで低賃金を利用して生産している。世界ブランドのナイキのスポーツシューズもインドネシアやベトナムの低賃金労働の上に成り立っている。もっと大きな交易品である石油は誰が掘って、誰が儲けているのか。石油企業ロイヤル・ダッチ・シェル社の二〇〇四年の売上高は会社としては世界最高で二六九億ドル、エビ貿易額九九・九億ドルの二・七倍にもなる。気の遠くなるようなグローバル大企業を前にすると、フェアトレードだけでは到底勝ち目はないと思わざるを得ない。が、しかし、にもかかわらずロイヤル・ダッチ・シェルの社員であれ、ナイキの社員であれ、ウォルマートの社員であれ消費者であることに変わりはない。世界のほとんどすべての人は、カネでモノを買う消費者である。消費者が消費の意識・行動を変えれば世界の交易のパターンは変わるのである。そう思う以外にない。

「顔の見える関係」へ

わたしはATJとその創設以来つき合ってきた。エビをフェアトレード商品にしたいという堀田正彦社長につきあって、一緒にアチェに行き、東ジャワにも行った。シドアルジョの粗放養殖や、ハジ・アムナンの池にも、そのなかで出会った。もともと堀田さんはネグロス島のバナナを生産者から直接買い、一九八九年にネグロス住民の生活自立を支援しようとの思いで会社を立ち上げたのである。そのホームページにはつぎのように書かれている。

> 「オルター・トレード・ジャパン（ATJ）は、バナナやエビ、コーヒーなどの食べ物の交易を行う会社です。現在、食生活をはじめとし、私たちの生活はあらゆる部分で世界の人々の生業や暮らしと密接につながっていますが、その交易を支配しているのはごく少数

の機関や企業です。ATJは生産と消費の場をつなぐ交易を通じて「現状とは違う」、つまり「オルタナティブ」な社会のしくみ、関係を作り出そうと、生協や産直団体、市民団体により設立されました。

ATJの交易活動は、

(1)地域の中で、風土に根ざした作物をつくる小規模な生産者を守り育てます。

(2)おいしい「食べもの」を取り扱います。「つくる人」にも「食べる人」にも安心であり、環境に負荷を与えないことを前提にしています。

(3)「モノ」の流通にとどまることなく、国境を越えた「出会い」の場を創造します。食べものの交易を通して、「つくる人」、「食べる人」がその枠を超えて人と人として出会い、支えあう関係をつくります」

(http://www.altertrade.co.jp/index-j.html)

ATJはシドアルジョからエビを輸入し、主として生協を通じて消費者に販売している。このエビは「エコ・シュリンプ」という商品名で売られている。日本のエビ貿易あるいは世界のエビ貿易を大きく揺るがすような量を扱っているわけではもちろんない。しかし、ATJが示している理念、それに共鳴する生協と消費者の意識変革に期待したい。ATJは、二〇〇二年七月に、ドイツの認定団体ナチュランドから有機認定を取得、翌二〇〇三年六月には、シドアルジョにオルター・トレード・インドネシア(ATINA)社を設立している。先ほど見たようなシドアルジョの池に見られる階級構造そのものに直接介入はできないものの、集買業者の中間マージンをなくしたり、有機エビ認定のためのエビ生産のトレーサビリティ(追跡可能性)を定着させたり、エビ業界のなかでも先進的な取り組みをしている。もっと特筆すべきことは、ATINAの社員が中心になってNGOを立ち上げたことである。Organic Community Action Network(OCeAN)と名乗るこのNGOは、積極的にマングローブ植林などの環境運動を展開したり、養殖民を取り巻く社会情勢を分析するニュースレターの発行をしたりしている。

日本とアジアをATJなどが扱っているフェアトレードの「商品」を通じて見ると、思わぬ関係性が見えてくる。この「商品」は、ただ需要と供給という市場原理で価格づけがなされる商品ではない。安全性、公正、環境の持続性、これらを含む新たな価格づけがなされた「商品」である。消費者も生産者も、この新たな「商品」に自覚的に向き合うことが求められる。ひたすら背ワタを取り続ける労働は疎外労働である。ただ電子レンジで「チン」するだけの消費行動は人間的な消費とは言えない。労働者も生産者も消費者も、やはり、互いに「顔の見える関係」に向かって歩んで行くのがよいと考える。その意味で「フェアトレード」はそのための大事な手だてではないだろうか。

あとがき

長い間、気になっていた。

『エビと日本人』を出版したのが一九八八年四月だから、もはやそこで書かれた内容がかなり古くなって、使いものにならなくなっている。一〇年ほど前から統計データだけでも新しいものにしなければいけないと思っていた。しかし日々何かに追われ、怠け癖もあって実現できないまま今に至ってしまった。

二〇〇六年末にピースボートに乗ったら、岩波新書編集者の太田順子さんと居合わせ、改訂版の話が進んだ。幸いなことに、わたしは大学の特別研修期間(サバティカル)中で、何とか書けそうだと思い、お引き受けすることにした。前著もあるから、手直しすれば案外すんなり書けると思っていた。しかし、始めてみると予想外に難渋した。「エビの世界」はかなり大きな変化を遂げていたのである。二〇年前をなぞりつつ新たな取材もした。そして本書『エビと日本人Ⅱ』として刊行の運びとなった。

前著以降、ニカラグア、タイの東部や南部、ベトナム、スリランカなどを歩いていた。データはかなり豊富にあったが、少しも整理されていないデータだった。今回、台湾を再訪した。東ジャワには二度ほど足を運んだ。新たに山口県秋穂や石垣島にクルマエビの取材に行った。いちばんやっかいだったのは統計データの更新や追加だった。「インドネシア民主化支援ネットワーク(NINDJA)」の野川未央さんが有能な〝データ・ウーマン〟としてあらゆる統計データを収集整理してくださり、さらに本書の内容もチェックしていただいた。これがなければ本書は成り立たなかったとさえいえる。NINDJA事務局長の佐伯奈津子さんにはアチェのエビ養殖事情を教えていただき、本書の内容もチェックしていただいた。深甚なる謝意を表したい。

台湾の廖一久先生とは、二〇年ぶりに基隆の国立台湾海洋大学の研究室でお会いすることができた。前著も本書も、廖先生の基本哲学を大事にして書かれている。先生は水産養殖科学の大家であるが、生き物への視線にはいつも温かなものを感じる。カネにだけ流されることのない養殖のあり方を今も心に秘めておられる。先生から、お土産に台湾産ミルクフィッシュの田麩《でんぶ》をいただいた。ミルクフィッシュの中国語「虱目魚《スムイー》」の語源を二〇年前に教えていただいたことを思い出した。先生のご助力がなければ、台湾のエビ養殖のこの間の変化を学べなかっただろうし、そもそも本書も前著もあり得なかったと思う。

ミルクフィッシュのミートボールを自力製造し、ATINA(オルター・トレード・インドネシア)の津留歴子さん経由で送り届けてくれたのは東ジャワ・スラバヤ在住のスイジーさんである。スイジーさんからもたくさんのことを学んだ。スイジーさんも廖先生門下生、日本の東京水産大学に学んだのち、ATJ(オルター・トレード・ジャパン)で働いている研究者である。シドアルジョに実験池を造ったり、エビの餌の開発をしたり、ミルクフィッシュのミートボール製造をしたりと忙しい人だ。スイジーさん、津留歴子さんはじめATINAおよびOCeANの方々には、シドアルジョの池や工場を懇切丁寧に案内していただいた。本書にはシドアルジョの情報は、まだ十分に活かしきっているとはいえないが、この方々の助力がなければシドアルジョ粗放養殖池の持つ意味は書き込めなかったはずである。

ATJの堀田正彦さんとは長いつきあいになる。堀田さんは、バナナやエビなど、生もののフェアトレードの先駆者である。わたしはそのそばにいて、勝手な解釈者を任じ、気ままな情宣者の役割をしてきたような思いがある。エビあるところに堀田あり、というのは大げさだが、堀田さんの歩みがなければ本書もおそらくなかっただろう。石油あればエビあり、ともいう。「石油の民衆交易」という駄法螺を吹きあったこともある。やや真面目に石油やエネルギーのフェアトレードのことを考えてみたい。

一九八二年に発足した「エビ研究会」は今はもうない。鶴見良行さん、内海愛子さん、福家洋介さんなどとともに発足させた研究会である。エビ研究会は、その後、ヤシ研究会やカツオ・カツオ節研究会になる。エビ研究会は一九八八年のヌサンタラ航海で幕を閉じた。鶴見さんはヤシ研究会につきあったが、わたしは抜けていた。その鶴見さんは九四年一二月一四日に突然亡くなられた。まだ六八歳、今、生きていたら八一歳になる。八三年から八八年の間、鶴見さん、内海さん、福家さん、時には鶴見千代子さんらと、エビを求めて東南アジア、オーストラリアに何度も密度の濃い調査旅行をした。鶴見良行さんの歩き方、調査の仕方、調査ノートのつけ方を間近でみて、たくさんのことを学んだ。あっと驚くような発想のおもしろさも学んだ。「鶴見なくば本書はない」といっても過言ではない。本書を鶴見良行さんにぜひ読んでほしいが、もはやそれは適わない。残念である。

ここでは、お名前を記すことができなかったが、以上の方々以外にもたくさんの方にお世話になった。あらためて謝意を表したい。

最後に、本書の編集に全力を尽くしてくださった岩波書店の太田順子さんには、かなり煩雑なデータを上手く処理してくださり、原稿の曖昧さを的確に指摘していただいた。あらためて感謝を申し述べたい。

村井吉敬

二〇〇七年晩秋

ラトゥナ・サルンパエット『マルシナは訴える』インドネシア民主化支援ネットワーク，1999
胡興華『台湾的養殖漁業』(台湾地理百科 59)，遠足文化事業股份有限公司，2004
Shuster, W. H., "Pemeriharaan Ikan dalam Perempangan Djawa", Kementerian Pertanian, 1950
M. L. Wilkie & S. Fortuna, "Status and Trends in Mangrove Area Extent Worldwide", FAO Forest Resources Assessment Working Paper 63, 2003

【雑誌】
季刊『at』(あっと)5 号(その後の『エビと日本人』報告)，2006 年 10 月
『at』8 号(フェアトレードの現在)，2007 年 7 月
『at』9 号(変転の中のバナナと日本人)，2007 年 10 月

【統計】
財務省『貿易統計月表』
総務省統計局『家計調査年報』(各年版)
農林水産省大臣官房統計部編『漁業・養殖業生産統計年報』(各年版)
水産社刊『えび手帳』(各年版)
水産社刊『うなぎ・えび養殖年鑑』1999 年版，水産社
FAO, *Yearbook of Fishery Statistics*(各年版)
Taiwan Fisheries Yearbook 各年(http://www.fa.gov.tw/eng/statistics/yearbooks.php)

主な参考文献

【著作】

井田徹治『ウナギ　地球環境を語る魚』岩波新書，2007

出雲公三作・画『カラー版 バナナとエビと私たち』岩波ブックレット，2001

軍司貞則『空飛ぶマグロ――海のダイヤを追え！』講談社文庫，1994

酒向昇『えび――知識とノウハウ』水産社，1979

酒向昇『海老』法政大学出版局，1985

酒向昇『えび学の人びと』いさな書房，1987

多屋勝雄編著『アジアのエビ養殖と貿易』成山堂書店，2003

都筑一栄・藤本勝彌『輸入えび二〇年史――100名と語る，昔，今，未来』フジ・インターナショナル，1982

鶴見良行『マングローブの沼地で』朝日新聞社(朝日選書)，1994

鶴見良行『バナナ』鶴見良行著作集，第6巻，みすず書房，1998

東京水産大学第9回公開講座編集委員会編『日本のエビ・世界のエビ(改訂増補2版)』成山堂書店，1988

西村朝日太郎『海洋民族学――陸の文化から海の文化へ』NHKブックス，1974

沼田真編『生態学読本』東洋経済新報社，1982

畠山重篤『森は海の恋人』文春文庫，2006

平沢豊編『東南アジアの漁業・養殖業』アジア経済研究所，1984

藤本岩夫ほか著『えび養殖読本(改訂版)』水産社，2004

村井吉敬『エビと日本人』岩波新書，1988

村井吉敬『サシとアジアと海世界――環境を守る知恵とシステム』コモンズ，1998

村井吉敬『グローバル化とわたしたち――国境を越えるモノ・カネ・ヒト』岩崎書店，2006

村井吉敬

1943年千葉県に生まれる．早稲田大学政経学部卒業．現在，上智大学教授．社会経済学，インドネシア研究．主な著書に『エビと日本人』(岩波新書)，『誰のための援助』(岩波ブックレット)，『アジアの海と日本人』(共編著，岩波書店)，『サシとアジアと海世界』(コモンズ)，『グローバル化とわたしたち――国境を越えるモノ・カネ・ヒト』(岩崎書店)ほか多数．

エビと日本人 II
――暮らしのなかのグローバル化　　岩波新書(新赤版)1108

2007年12月20日　第1刷発行
2008年3月25日　第2刷発行

著　者　村井吉敬《むらいよしのり》

発行者　山口昭男

発行所　株式会社 岩波書店
〒101-8002 東京都千代田区一ツ橋2-5-5
案内 03-5210-4000　販売部 03-5210-4111
http://www.iwanami.co.jp/

新書編集部 03-5210-4054
http://www.iwanamishinsho.com/

印刷・理想社　カバー・半七印刷　製本・中永製本

ISBN 978-4-00-431108-9　Printed in Japan

岩波新書新赤版一〇〇〇点に際して

ひとつの時代が終わったと言われて久しい。だが、その先にいかなる時代を展望するのか、私たちはその輪郭すら描きえていない。二〇世紀から持ち越した課題の多くは、未だ解決の緒を見つけることのできないままであり、二一世紀が新たに招きよせた問題も少なくない。グローバル資本主義の浸透、憎悪の連鎖、暴力の応酬——世界は混沌として深い不安の只中にある。

現代社会においては変化が常態となり、速さと新しさに絶対的な価値が与えられた。消費社会の深化と情報技術の革命は、種々の境界を無くし、人々の生活やコミュニケーションの様式を根底から変容させてきた。ライフスタイルは多様化し、一面では個人の生き方をそれぞれが選びとる時代が始まっている。同時に、新たな格差が生まれ、様々な次元での亀裂や分断が深まっている。社会や歴史に対する意識が揺らぎ、普遍的な理念に対する根本的な懐疑や、現実を変えることへの無力感がひそかに根を張りつつある。そして生きることに誰もが困難を覚える時代が到来している。

しかし、日常生活のそれぞれの場で、自由と民主主義を獲得し実践することを通じて、私たち自身がそうした閉塞を乗り超え、希望の時代の幕開けを告げてゆくことは不可能ではあるまい。そのために、いま求められていること——それは、個と個の間で開かれた対話を積み重ねながら、人間らしく生きることの条件について一人ひとりが粘り強く思考することではないか。その営みの糧となるものが、教養に外ならないと私たちは考える。歴史とは何か、よく生きるとはいかなることか、世界そして人間はどこへ向かうべきなのか——こうした根源的な問いとの格闘が、文化と知の厚みを作り出し、個人と社会を支える基盤としての教養となった。まさにそのような教養への道案内こそ、岩波新書が創刊以来、追求してきたことである。

岩波新書は、日中戦争下の一九三八年一一月に赤版として創刊された。創刊の辞は、道義の精神に則らない日本の行動を憂慮し、批判的精神と良心的行動の欠如を戒めつつ、現代人の現代的教養を刊行の目的とする、と謳っている。以後、青版、黄版、新赤版と装いを改めながら、合計二五〇〇点余りを世に問うてきた。そして、いままた新赤版が一〇〇〇点を迎えたのを機に、人間の理性と良心への信頼を再確認し、それに裏打ちされた文化を培っていく決意を込めて、新しい装丁のもとに再出発したいと思う。一冊一冊から吹き出す新風が一人でも多くの読者の許に届くこと、そして希望ある時代への想像力を豊かにかき立てることを切に願う。

（二〇〇六年四月）

岩波新書より

現代世界

国際連合 軌跡と展望　明石 康
アメリカよ、美しく年をとれ　猿谷 要
アメリカの宇宙戦略　明石和康
日中関係 戦後から新時代へ　毛里和子
いま平和とは　最上敏樹
国連とアメリカ　最上敏樹
人道的介入　最上敏樹
大欧州の時代　脇阪紀行
現代ドイツ　三島憲一
ブレア時代のイギリス　山口二郎
「民族浄化」を裁く　多谷千香子
サウジアラビア　保坂修司
中国激流 13億のゆくえ　興梠一郎
現代中国 グローバル化のなかで　興梠一郎
多民族国家 中国　王 柯
ヨーロッパ市民の誕生　宮島 喬

東アジア共同体　谷口 誠
ネットと戦争　青山 南
アメリカ 過去と現在の間　古矢 旬
ヨーロッパとイスラーム　内藤正典
現代の戦争被害　小池政行
アメリカ外交とは何か　西崎文子
イスラーム主義とは何か　大塚和夫
イラク 戦争と占領　酒井啓子
イラクとアメリカ　酒井啓子
核拡散　川崎 哲
シラクのフランス　軍司泰史
帝国を壊すために　アルンダティ・ロイ 本橋哲也訳
ロシアの軍需産業　塩原俊彦
ブッシュのアメリカ　三浦俊章
多文化世界　青木 保
異文化理解　青木 保
アフガニスタン 戦乱の現代史　渡辺光一
イギリス式生活術　黒岩 徹
イギリス式人生　黒岩 徹

国際マグロ裁判　小松正之 遠藤久
デモクラシーの帝国　藤原帰一
テロ後 世界はどう変わったか　藤原帰一編
パレスチナ〔新版〕　広河隆一
「対テロ戦争」とイスラム世界　板垣雄三編
ソウルの風景　四方田犬彦
アメリカの家族　岡田光世
NATO　谷口長世
ロシア市民　中村逸郎
中国路地裏物語　上村幸治
ロシア経済事情　小川和男
同盟を考える　船橋洋一
イスラームと国際政治　山内昌之
相対化の時代　坂本義和
南アフリカ「虹の国」への歩み　峯 陽一
ユーゴスラヴィア現代史　柴 宜弘
「風と共に去りぬ」のアメリカ　青木冨貴子

岩波新書より

社会

少子社会日本	山田昌弘
親米と反米	吉見俊哉
「悩み」の正体	香山リカ
いまどきの「常識」	香山リカ
若者の法則	香山リカ
変えてゆく勇気	上川あや
定年後	加藤仁
報道被害	梓澤和幸
地域再生の条件	本間義人
労働ダンピング	中野麻美
マンションの地震対策	藤木良明
ブランドの条件	山田登世子
戦争で死ぬ、ということ	島本慈子
誰のための会社にするか	ロナルド・ドーア
ルポ 改憲潮流	斎藤貴男
安心のファシズム	斎藤貴男
社会学入門	見田宗介
現代社会の理論	見田宗介
冠婚葬祭のひみつ	斎藤美奈子
壊れる男たち	金子雅臣
少年事件に取り組む	藤原正範
まちづくりと景観	田村明
まちづくりの実践	田村明
悪役レスラーは笑う	森達也
働きすぎの時代	森岡孝二
大型店とまちづくり	矢作弘
憲法九条の戦後史	田中伸尚
靖国の戦後史	田中伸尚
日の丸・君が代の戦後史	田中伸尚
遺族と戦後	田中伸尚・田中宏・波田永実
桜が創った「日本」	佐藤俊樹
生きる意味	上田紀行
ルポ 戦争協力拒否	吉田敏浩
社会起業家	斎藤槙
日本縦断 徒歩の旅	石川文洋
判断力	奥村宏
ウォーター・ビジネス	中村靖彦
食の世界にいま何がおきているか	中村靖彦
狂牛病	中村靖彦
男女共同参画の時代	鹿嶋敬
男と女 変わる力学	鹿嶋敬
当事者主権	中西正司・上野千鶴子
ルポ 解雇	島本慈子
リサイクル社会への道	寄本勝美
豊かさの条件	暉峻淑子
豊かさとは何か	暉峻淑子
クジラと日本人	大隅清治
リストラとワークシェアリング	熊沢誠
女性労働と企業社会	熊沢誠
能力主義と企業社会	熊沢誠
人生案内	落合恵子
消費者金融 実態と救済	宇都宮健児
少年犯罪と向きあう	石井小夜子
仕事が人をつくる	小関智弘
自白の心理学	浜田寿美男

岩波新書より

知的生産の技術　梅棹忠夫
モゴール族探検記　梅棹忠夫
論文の書き方　清水幾太郎
本の中の世界　湯川秀樹
一日一言　桑原武夫編
インドで考えたこと　堀田善衞
本と私　鶴見俊輔編
岩波新書をよむ　岩波書店編集部編

カラー版

カラー版 ブッダの旅　丸山勇
カラー版 ベトナム 戦争と平和　石川文洋
カラー版 難民キャンプの子どもたち　田沼武能
カラー版 古代エジプト人の世界　村治笙子 文／仁田三夫 写真
カラー版 ハッブル望遠鏡の宇宙遺産　野本陽代
カラー版 続 ハッブル望遠鏡が見た宇宙　野本陽代
カラー版 ハッブル望遠鏡が見た宇宙　野本陽代／R・ウィリアムズ
カラー版 細胞紳士録　藤田恒夫／牛木辰男
カラー版 メッカ　野町和嘉
カラー版 インカを歩く　高野潤
カラー版 恐竜たちの地球　冨田幸光
カラー版 シベリア動物誌　福田俊司
カラー版 妖精画談　水木しげる
カラー版 妖怪画談　水木しげる
カラー版 写真紀行 三国志の風景　小松健一

世界史

溥　儀　入江曜子
フランス史10講　柴田三千雄
地　中　海　樺山紘一
韓国現代史　文　京洙
ジャンヌ・ダルク　高山一彦
多神教と一神教　本村凌二
奇人と異才の中国史　井波律子
古代オリンピック　桜井万里子・橋場弦 編
スコットランド 歴史を歩く　高橋哲雄
ドイツ史10講　坂井榮八郎
ナチ・ドイツと言語　宮田光雄
古代ギリシアの旅　高野義郎
西域 探検の世紀　金子民雄
ニューヨーク　亀井俊介
中華人民共和国史　天児　慧
古代エジプトを発掘する　高宮いづみ
サンタクロースの大旅行　葛野浩昭
古代ローマ帝国　吉村忠典
義賊伝説　南塚信吾
現代史を学ぶ　渓内　謙
民族と国家　山内昌之
アメリカ黒人の歴史〔新版〕　本田創造
諸葛孔明　立間祥介
毛　沢　東　竹内　実
ミケルアンヂェロ　羽仁五郎
聖母マリヤ　植田重雄
中国近現代史　小島晋治・丸山松幸
ペスト大流行　村上陽一郎
ピープス氏の秘められた日記　臼田　昭
ライン河物語　笹本駿二
中国の歴史 上・中・下　貝塚茂樹
魔　女　狩　り　森島恒雄
スパルタとアテネ　太田秀通
ヨーロッパとは何か　増田四郎
世界史概観 上・下　H・G・ウェルズ　長谷部文雄・阿部知二 訳
歴史とは何か　E・H・カー　清水幾太郎 訳
西部開拓史　猿谷　要
絵で見るフランス革命　多木浩二

岩波新書より

自然科学

数に強くなる　畑村洋太郎
人物で語る 物理入門 上・下　米沢富美子
日本の地震災害　伊藤和明
地震と噴火の日本史　伊藤和明
性転換する魚たち　桑村哲生
精子の話　毛利秀雄
逆システム学　金子勝 児玉龍彦
宇宙人としての生き方　松井孝典
進化の隣人 ヒトとチンパンジー　松沢哲郎
遺伝子とゲノム　松原謙一
オーロラ その謎と魅力　赤祖父俊一
分子生物学入門　美宅成樹
私の脳科学講義　利根川進
ペンギンの世界　上田一生
宇宙からの贈りもの　毛利衛
ヒトゲノム　榊佳之
化学に魅せられて　白川英樹
木造建築を見直す　坂本功
市民科学者として生きる　高木仁三郎
科学の目 科学のこころ　長谷川眞理子
地震予知を考える　茂木清夫
水族館のはなし　堀由紀子
生命と地球の歴史　丸山茂徳 磯崎行雄
科学論入門　佐々木力
大地動乱の時代　石橋克彦
日本酒　秋山裕一
うま味の誕生　柳田友道
日本列島の誕生　平朝彦
超ミクロ世界への挑戦　田中敬一
生物進化を考える　木村資生
栽培植物と農耕の起源　中尾佐助
ゴマの来た道　小林貞作
性の源をさぐる　樋渡宏一
動物園の獣医さん　川崎泉
分子と宇宙　木原太郎
物理学とは何だろうか 上・下　朝永振一郎
火山の話　中村一明
人間であること　時実利彦
人間はどこまで動物か　A・ポルトマン 高木正孝 訳
植物たちの生　沼田真
アユの話　宮地伝三郎
科学の方法　中谷宇吉郎
宇宙と星　畑中武夫
数学の学び方・教え方　遠山啓
数学入門 上・下　遠山啓
無限と連続　遠山啓
物理学はいかに創られたか 上・下　アインシュタイン インフェルト 石原純 訳
零の発見　吉田洋一

岩波新書/最新刊から

1048
占領と改革
シリーズ日本近現代史⑦
雨宮昭一著
戦後改革の原点は占領政策ではなく、戦前・戦時の社会から継承したものの中にある。占領から講和までの十年を斬新な視点で描く。

1111
昭和天皇
原武史著
新嘗祭など数多くの宮中祭祀に熱心に出席、「神」に祈り続けた昭和天皇。従来軽視されてきた儀礼に注目し、その生涯を描き直す。

1112
ルポ 貧困大国アメリカ
堤未果著
社会の二極化の足元で何が起きているのか。人々の苦難の上でいったい誰が暴利をむさぼっているのか。肉声を通して、実相に迫る。

1113
中国名文選
興膳宏著
孟子・荘子から宋代の蘇軾・李清照まで十二人の文章家の作品から、選び抜いた名篇を紹介。読みどころを押さえながら解説する。

1114
証言 沖縄「集団自決」
―慶良間諸島で何が起きたか―
謝花直美著
アジア・太平洋戦争末期、沖縄で住民の「集団自決」が起きた。何が人びとを死に追いやったのか。生存者たちが当時の状況を語る。

1115
地域の力
―食・農・まちづくり―
大江正章著
市民と行政が知恵を出し合い、魅力を発信している地域がある。好循環はいかにして創り出されたのか。人びとの声からヒントを探る。

1116
シェイクスピアのたくらみ
喜志哲雄著
『ロミオとジュリエット』『あらし』などの戯曲群の読み解きから、観客の反応を計算し尽くした、したたかな劇作家を発見する。

1117
カラー版 西洋陶磁入門
大平雅巳著
器ひとつにドラマあり。古代ギリシアからルネサンス、一八世紀のマイセン、ウェッジウッドまで、代表的名品の多彩な魅力を楽しむ。

(2008. 3)